规模以下养殖场（户）
畜禽粪污资源化利用
实用技术与典型案例

农业农村部畜牧兽医局
全国畜牧总站　组编

中国农业科学技术出版社

图书在版编目（CIP）数据

规模以下养殖场（户）畜禽粪污资源化利用实用技术与典型案例 / 农业农村部畜牧兽医局，全国畜牧总站组编. --北京：中国农业科学技术出版社，2022.12

ISBN 978-7-5116-6017-6

Ⅰ.①规⋯　Ⅱ.①农⋯ ②全⋯　Ⅲ.①畜禽—粪便处理—废物综合利用—案例　Ⅳ.①X713.05

中国版本图书馆CIP数据核字（2022）第 217041 号

责任编辑　李冠桥
责任校对　李向荣
责任印制　姜义伟　王思文

出 版 者　中国农业科学技术出版社
　　　　　北京市中关村南大街 12 号　　邮编：100081
电　　话　（010）82109705（编辑室）　　（010）82109702（发行部）
　　　　　（010）82109709（读者服务部）
网　　址　https://castp.caas.cn
经 销 者　各地新华书店
印 刷 者　北京地大彩印有限公司
开　　本　170 mm × 228 mm　1/16
印　　张　16.25
字　　数　290 千字
版　　次　2022 年 12 月第 1 版　　2022 年 12 月第 1 次印刷
定　　价　120.00 元

《规模以下养殖场（户）畜禽粪污资源化利用实用技术与典型案例》

编委会

主　任：孔　亮　　聂善明

副主任：左玲玲

委　员：范运峰　　张利宇　　郝志鹏　　杨军香

　　　　李国学　　刘桂珍　　张克强　　李　季

　　　　董仁杰　　杨兴明

主　编：张利宇　　杨军香　　李国学　　刘桂珍

副主编：张克强　　李　季　　董仁杰　　杨兴明

　　　　袁　京　　罗文海　　王国英　　徐志程

编　者（按姓氏笔画排序）：

　　　　丁　琳　　于海霞　　马德瑞　　王万霞

　　　　王国英　　尤　佳　　毛春春　　方国跃

　　　　司建军　　成　荣　　任清丹　　刘太记

　　　　刘桂珍　　李　冉　　李　岚　　李　季

　　　　李国学　　李南西　　李竞前　　李博玲

　　　　李斌哲　　李翔宏　　杨　帆　　杨　鹏

　　　　杨兴明　　杨守军　　杨军香　　杨敏馨

　　　　邹云伏　　张　眉　　张伟涛　　张克强

　　　　张利宇　　张宝珣　　张莲芳　　陈彦廷

　　　　罗文海　　周元清　　赵志军　　秦红林

　　　　袁　京　　贾小梅　　顾向阳　　徐　杨

　　　　徐　丽　　徐志程　　郭　杰　　曹少奇

　　　　曹长仁　　董仁杰　　焦光月　　谢　悦

　　　　蔡　珣　　谭立文　　薛　云　　魏胜娟

习近平总书记强调，加快畜禽养殖废弃物处理和资源化，关系6亿多农村居民生产生活环境，关系农村能源革命，关系能不能不断改善土壤地力、治理好农业面源污染，是一件利国利民利长远的大好事。近年来，我国畜禽粪污资源化利用水平显著提升，畜禽养殖污染状况明显改善。截至2021年底，全国规模养殖场粪污处理设施装备配套率达到97%，畜禽粪污综合利用率超过76%，畜牧业绿色发展实现了历史性跨越，为保障畜禽产品有效供给提供了基础支撑。然而，我国规模以下养殖场（户）数量占到养殖场（户）总数的98.6%，它们分布在乡村各个角落，点多、线长、面广，而且大多数缺乏必要的粪污收集处理设施，仍然是近年来畜牧业环境问题焦点。

为贯彻落实党的二十大精神，协同推进降碳、减污、扩绿、增长，提升规模以下养殖场（户）畜禽粪污资源化综合利用水平，强化实用技术供给，发挥典型案例引路，助推畜牧业绿色高质量发展，按照农业农村部畜牧兽医局的部署，围绕"源头减量、过程控制、末端利用"三个重点环节，聚焦畜禽粪污减量化、无害化、资源化，全国畜牧总站在全国范围内开展了规模以下养殖场（户）畜禽粪污资源化利用实用技术和典型案例的征集工作，共收到29个省（区、市）的实用技术45项和典型案例115个。经组织行业权威专家对申报材料进行综合评估，遴选出规模以下养殖场（户）畜禽粪污资源化利用实用技术14项、典型案例48个。遴选的实用技术和典型案例成熟度高、实践性强，可复制、可推广，具有示范和带动作用，在适宜地区有较大的推广应用价值，为践行低碳绿色发展理念提供技术

1

支撑。

为保证一线同志对实用技术和典型案例的深入理解，推进这些技术在更广泛的地区落地生根，我们组织编写了《规模以下养殖场（户）畜禽粪污资源化利用实用技术与典型案例》。本书按七大区域排序，分实用技术和典型案例两部分内容，实用技术重点阐述技术概述、技术要点、适用范围等；典型案例重点阐述工艺流程、技术要点、投资概算、取得成效等。本书数据翔实、图文并茂、通俗易懂，便于读者理解和掌握，可供畜牧业管理人员、技术人员、养殖场（户）学习、借鉴和参考。

本书编写过程中，得到了全国省、市、县畜牧技术推广机构、科研院校和养殖企业的大力支持，在此表示感谢！由于编者水平有限，书中难免有疏漏之处，敬请广大读者批评指正。

编　者

2022年12月

目 录

第二部分　规模以下养殖场（户）典型案例

第一部分

规模以下养殖场（户）实用技术

1　便携式太阳能沼气发酵技术（山西省）

一、技术概述

（一）基本情况

山西省长治市襄垣县位于山西省东南部，2021年畜禽规模养殖场70家，规模以下养殖场（户）5 957户。为加快畜禽养殖粪污资源化利用，针对有条件的养殖户，襄垣县积极推广便携式太阳能沼气技术（图1），以农用有机肥和农村能源为主要利用方向，建设集污池、堆粪场、便携式太阳能组装沼气池，产生的沼气用于居民燃气做饭或发电，沼渣沼液作为优质肥料用于周边农田、蔬菜、果园等种植基地，实现种养结合，有效提高粪污运转效率，加快粪污无害化处理和资源化利用效率，改善养殖场环境，实现畜禽养殖业的可持续发展。

（二）示范推广情况

目前该技术已经在襄垣县8个养牛户、6个养猪户、3个养鸡户、2个养羊户推广应用，共发展21个便携式太阳能沼气池，年处理粪污约1 350吨，最大限度地解决了规模以下养殖场（户）畜禽粪尿流失、污染环境等问题，同时农作物产品质量也显著提高，还可减少农药和化肥使用量。

二、技术要点

（一）适用原料及产出物类型

适用原料为畜禽粪污，产出物为沼气、沼液、沼渣。

图1　便携式太阳能组装沼气池
（史凯波 供图）

（二）工艺技术原理及特点

1.技术原理

粪污浓度在集污池调节到8%左右，进一步通过集污池酸化搅拌之后泵入沼气发酵罐内进行厌氧发酵，通过太阳能提升厌氧发酵温度，促进粪污充分发酵降解，产生的沼气通过脱硫设施去除有害气体，再通过增压泵输送给居民燃气做饭或发电。

2.工艺特点

（1）占地面积小、成本低、易组装，特别适合规模较小的养殖场（户）处理粪污。

（2）发酵充分、沼气产生多。太阳能阳光板增温，提升厌氧发酵温度，提高厌氧微生物活性，促进粪污充分发酵，减少结壳、卡料等现象。

（3）利用彻底、种养结合。产生的沼渣沼液通过集污池进一步处理后，可作为优质有机肥料进行充分利用。

（三）核心设施设备及关键参数

1.配套设施

集污池采用地下式钢筋混凝土结构，封闭式三防设计。池壁作防水处理，顶部为预制盖板，具体做法为：基层素土夯实，垫层为300毫米厚，3∶7灰土，池壁、底板为300毫米厚，C25钢筋混凝土，内壁和池底面层为20毫米厚，1∶2防水砂浆抹面。按照集污池基坑土方开挖→基坑土体加固→基坑降水→基坑底部清槽→铺灰土垫层→混凝土垫层→集污池圈梁支模、绑筋、浇注混凝土→抹粪污处理池内壁、外壁防水砂浆，集污池外壁涂热沥青→做集污池24小时灌水实验→土方回填的顺序施工。

2.配套设备

循环泵、集水器（图2）、负压增压设备（图3）、脱硫设备、增压风机、厨房沼气不锈钢脉冲双灶。

图2　沼气集水器（史凯波 供图）　　　　　图3　负压增压泵（史凯波 供图）

3. 关键参数

沼气发酵罐22米^3，发酵有效容积≥9米^3、存气有效容积≥12米^3，结构型式：铝型材、阳光板、框架结构连接件不锈钢材质高于90%。阳光板底层为4层蜂窝结构，中层为3层保温结构，上层为双层结构，铝型材氧化磨砂处理。软体沼气池材料是聚氯乙烯压延膜，厚度为0.5毫米。

（四）环境控制

在总体布置上，要根据场地、物流、环境、安全、美学等条件，合理安排堆粪场、集污池和沼气池，科学规划运输路线，尽量减少物流周转距离和中转环节。在工艺设计中增加沼液回流设计，回流沼液可作为粪污稀释用水，既减少了用水量又可以调节原料的酸碱度，沼液经过沉淀后，可以做二次冲圈利用，增加使用率，降低废水量。

三、适用范围

该技术适合规模养殖场和规模以下养殖场（户）密集区粪污资源化利用。

推荐单位

山西省畜牧技术推广服务中心

山西省长治市农业技术推广中心

山西省长治市襄垣县农业农村局

2 纳米膜好氧堆肥技术（辽宁省）

一、技术概述

（一）基本情况

纳米膜好氧堆肥发酵技术，通过纳米膜技术对畜禽养殖废弃物等进行无害化处理，具有投入小、适应性强、操作简单等优点，是一种助力各种养殖场（户）粪污资源化利用的有效方式，纳米膜好氧发酵堆肥发酵的基本步骤如图1和图2所示。

图1 覆膜发酵（严飞 供图）

图2 腐熟堆肥产品（严飞 供图）

（二）示范推广情况

目前在辽宁、河北、山东、宁夏、内蒙古等地广泛推广应用。

二、技术要点

（一）适用原料及产出物类型

1.适用原料

主料为畜禽粪便，辅料可选择秸秆、食用菌渣、锯末、谷糠、酒糟等高碳源农业废弃物中的一种或多种。

2.产出物类型

直接产出物为初级腐熟堆肥产品，还可根据市场需求，进一步加工成商品有机肥等产品。

（二）工艺技术原理及特点

1.工艺技术原理

纳米膜好氧发酵堆肥的工艺技术原理如图3和图4所示。

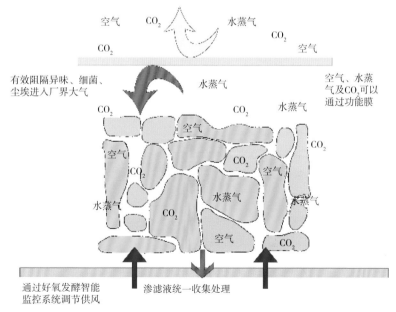

图3　堆肥过程中纳米膜对小分子物质的选择透过性（严飞 供图）

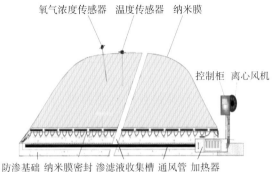

图4　纳米膜好氧发酵堆肥机运行示意图（严飞　供图）

选择特殊的高分子材料，经多道工序制成孔径为纳米级的选择透过性纳米膜，将纳米膜覆盖在发酵底物（按照一定比例混合均匀的畜禽粪便与辅料，并添加适量特定菌剂）表面，利用纳米膜的特性——允许水蒸气、CO_2等小于膜孔径的物质透过，并将异味气体、病原菌、灰尘等超过膜孔径的物质截留在膜内，创造适宜的发酵条件，使畜禽粪便快速降解腐熟，从而达到减量化、无害化、资源化的目的。

2. 工艺技术特点

（1）环保、应用效果稳定、养分损失少。

（2）灵活简便、易操作、实用性强。

（3）投入少、运营成本低，适用范围广。

（4）受外界低温影响小。

（三）核心设施设备及关键参数

1. 核心设施设备

该技术的核心设施设备为纳米膜好氧发酵堆肥机，其主要作用是在畜禽粪便发酵过程中在线监测与控制相关参数，根据参数指标反馈自动供氧和加热。

2. 关键参数

纳米膜好氧发酵堆肥机关键技术参数详见表1。

表 1　纳米膜好氧发酵堆肥机主要技术参数

序号	技术指标	参数
1	风机工作电压	380伏
2	加热器工作电压	220伏
3	传感器工作电压	24伏
4	电缆选择	三相四线制电缆3×2.5+1毫米²或4×2.5毫米²
5	温度传感器插深（细杆）	插入物料表面以下1 300毫米
6	氧浓度传感器插深（粗杆）	插入物料表面以下700毫米
7	温度漂移	±1℃
8	氧浓度测量范围	0%～25%
9	设备工作及贮存温度	−20～80℃
10	防护等级	IP40

东北地区

（四）环境控制

覆膜发酵区要求地势平坦、稍高，利于排水，通风良好，易机械作业，应远离居民区或与居民区隔离。覆膜发酵区设在畜禽养殖区域内应符合《畜禽场场区设计技术规范》（NY/T 682—2003）的要求，即应设在养殖场的生产区、生活管理区常年主导风向的下风向或侧风向处。覆膜发酵区应按照相关标准要求做防渗处理。

三、适用范围

该技术可广泛应用于畜禽粪便等有机废弃物的无害化处理及资源化利用。适合环境温度：−20～40℃，适用于我国大部分区域，目前该技术已在辽宁、河北、河南、山东等地推广应用。

推荐单位

辽宁省农业发展服务中心
辽宁省东港市农业农村局

3 微生物好氧堆肥技术（黑龙江省）

一、技术概述

（一）基本情况

黑龙江省有半年以上的寒冷天气，畜禽养殖量大、散养户数量多、粪污产排量大，冬季气温低、畜禽粪污含水量高于85%，粪污难以有效发酵，畜禽粪污秸秆微生物轻简化造肥技术可有效解决寒区冬季粪污资源化利用难题。

（二）示范推广情况

该技术方法适合在我国东北、西北、华北等寒冷地区推广应用。目前已在黑龙江省汤原县、肇东市和勃利县等46个县市推广应用，辐射带动吉林、辽宁、山东、江苏、新疆和内蒙古等10多个省（区）应用。

二、技术要点

（一）适用原料及产出物类型

适用原料：畜禽粪便、尿液、污水和农村黑臭水体，农村适宜造肥的固液垃圾、作物秸秆、食用菌菌糠等。

产出物类型：固态土杂肥、生物有机肥原材料、生物有机肥等。

（二）工艺技术原理及特点

天然马粪的碳氮比为（24～25）：1，含水量60%～75%，富含多种微生物，常温状态下马粪会自然发烧产热。该技术正是基于"马粪发烧"原理，将秸秆、菌糠等高碳源农业废弃物与畜禽粪便和微生物，科学调节碳氮比和含水量，堆积发酵造肥，随后抛撒还田（图1～图4）。

该技术在-42℃极端环境下发酵7天，堆内温度就能达70℃以上，具有简单易行、投入费用低、田间地头均可操作的优点，可实现就近就地还田利用，施用后可减少化肥用量20%，降低农药用量30%。

图1　建堆发酵（何鑫淼　供图）

图2　菌剂喷撒（何鑫淼　供图）

图3　发酵翻堆（何鑫淼　供图）

图4　抛撒还田（何鑫淼　供图）

（三）核心设施设备及关键参数

核心设施设备：在养殖场粪便贮存池周边堆积干燥的作物秸秆等，只需钩机、铲车和水车等简单机械即可。

关键参数：堆肥原料混合后碳氮比要达到（20 ~ 35）:1，水分调节到60% ~ 75%。发酵堆中温度超过50 ~ 70℃发酵60 ~ 80天时，会带走很多水分，可以适当翻抛和及时补充动物粪汤调节水分；发酵60 ~ 80天需要翻抛一次，再继续发酵40

天左右，总计发酵100～120天，采样检测符合还田要求后，即可抛洒还田。

（四）环境控制

在发酵物堆积的地方做好地面防渗和防溢流。发酵堆要覆盖塑料膜防雨淋，添加的复合微生物能够把氨态氮转化为硝态氮，发酵过程中产生大量有机酸能够固定氨气和硫化氢气体，起到除臭作用。因此，发酵过程中无臭味溢出，只产生一定的CO_2、热量和水蒸气。

三、适用范围

该技术适合我国东北、西北、华北等寒冷地区应用，只要有畜禽粪便、尿液、污水和农村黑臭水体，农村适宜造肥的固液垃圾、秸秆、菌糠、蘑菇渣等原材料，均可应用该技术。

推荐单位

黑龙江省畜牧总站

4 微生物发酵床养猪技术（陕西省）

一、技术概述

（一）基本情况

微生物发酵床养猪技术是利用植物废弃物如秸秆、木屑、苹果枝条、废菌糠等，制作发酵床垫层，接种微生物，猪养殖在垫层上，排出的粪便由微生物分解消纳，原位发酵成有机肥(图1、图2)。根据发酵床所处的位置，微生物发酵床养殖又可分为室内发酵床（又称原位发酵床）以及室外发酵床（又称异位发酵床）两种模式。原位发酵床作为养殖的房舍，利用配方垫料接入微生物，调整垫料通气量和湿度，构建微生物发酵的条件，猪等畜禽养殖于发酵床之上，粪便排泄于垫料上，微生物发酵可迅速分解粪便。再利用猪等动物的拱翻习性，作为加工机器，使猪粪、尿和垫料充分混合，通过发酵床的分解发酵，使猪粪、尿液中的有机物质得到充分的分解和转化，微生物以猪粪和垫料基质为营养来源，繁衍增殖。猪粪尿通过原位发酵处理，实现了臭气减排和粪便减量化，原位发酵产生优质有机肥，达到无臭、无味、无害化的目的。

图1 原位发酵床养猪（李买平 供图）　　图2 养猪场垫料（李买平 供图）

13

（二）示范推广情况

近3年来，在延安市各县区畜牧兽医部门的大力支持下，在猪、牛、羊、鸡等养殖场推广应用，累计新增出栏生猪45.22万头，新增销售额3.12亿元，新增利润4 551万元，建立发酵床养殖示范基地20多个，年产万吨生物有机肥厂3个，实现了养殖粪污的源头微生物治理，生产生物有机肥23.8万吨，推广养殖面积4.57万亩（1亩=1/15公顷，全书同），培训技术人员9 250人次，显著提升了微生物发酵床垫料生物有机肥在养殖、种植业中的作用和效果，取得了良好的社会、经济、生态效益。

二、技术要点

（一）适用原料及产出物类型

1. 优化出发酵床垫料配方

该技术以菌草、农业废弃物苹果枝条、玉米秸秆等陕北地区资源丰富的农业废弃物作为发酵床垫料，研发出最优垫料配方，即"30%菌草+29%苹果枝条+1%菌种+40%玉米秸秆"解决了垫料资源来源问题。

2. 筛选出高效粪污降解菌

开展菌株微生物学特性研究，优化发酵条件和制剂工艺，研制出适合陕北地区环境条件的微生物发酵床专用菌剂。经过对菌种3年的培育，筛选出相关功能菌种，并组合出合成菌群，对环境的适应能力较强，对畜禽粪便的分解能力更大。首创了本地区2 000头以上大栏原位发酵床养猪技术。

3. 研制出发酵床垫料资源化利用加工有机肥的生产工艺

该技术生产的生物有机肥不仅富含各种微生物降解后的矿物质，还具有多种较强的自然有益微生物，益生菌种类达1 000多种，每克活菌数量超100亿，有利于作物的生长及抗性形成，科学选用微生物菌剂，作用的发酵床菌种（剂）兼具厌氧性和好氧性。

（二）工艺技术原理及特点

（1）微生物发酵床建立了一个微生物"生物安全"防控体系，发酵床内部和外部的温差形成猪舍空气正压效应，防止外部病原通过空气传入猪舍，调查结果表明，发酵床舍内空气微生物组成与舍外截然不同，舍内空气中含有许多生防菌，几乎不含病原菌，阻断了病原空气传播。

（2）发酵床好氧发酵，构建了好氧菌生长环境，抑制了猪病厌氧菌生长。

（3）发酵垫料富含益生菌，可直接杀死猪病原菌；垫料中间温度常年恒定保持40~45℃，这是病毒的抑制温度，猪病毒在发酵床上难以生存。

（4）发酵床形成的粪菌移植机制，健康猪群通过在发酵床上养殖，就可以通过粪便把健康肠道微生物，通过发酵床垫料扩增，接种到下一代猪体内，促进健康生长，该机理称为粪菌移植技术。粪菌移植技术同样是一种防控人类疾病的重要措施，即当人体内存在艰难梭菌时易引起腹泻，其对所有抗生素具有抗药性，只有通过将健康人群粪便中分离出肠道菌群移植到患病的人体内，才可治愈。

（5）发酵床垫料产生大量的益生菌，猪取食后，能够调整猪的肠道微生态平衡，促进猪提高饲料转化率，让猪处于一个健康平衡生长状态。

（6）发酵床实际上为养猪形成了从空气、垫料、肠道多角度防控猪病的防火墙，保障生猪健康生长。

（三）核心设施设备及关键参数

在经过特殊设计的猪舍里，填入有机垫料，科学制作发酵床垫料，选好主料和辅料，保证碳氮比的含量匹配。该技术的创新点在于发酵槽下部60厘米，选用含碳量比较高的秸秆打捆作为底部垫料，上部30厘米选用含氮量高的苹果树枝条粉碎作为垫料，以保证垫料与厌氧菌、好氧菌不同的发酵作用相匹配。研制出条垛式堆肥工艺，通过一次发酵和二次发酵（陈化），提高了发酵床垫料的腐熟程度，生产出的生物有机肥，其中有机质含量≥40%，氮、磷、钾含量≥5%，微生物菌剂含量≥0.2亿个/克。经过田间试验，产品能有效缓解土壤板结、酸化、低肥力问题，肥料中的微生物能够产生糖类物质与植物黏液、矿物胚体和有机胶体结合在一起，可以改善土壤团粒结构。其中的芽孢杆菌可产生多种活性物质、拮抗和抑病物质，对作物的生长有良好的刺激与调控作用，可减少和降低作物病虫害的发生，以及改善农产品品质等。

（四）环境控制

发酵床生态养猪技术是一种无污染、零排放的有机农业技术，利用多种有益微生物（酵母菌、放线菌、枯草芽孢杆菌等），按一定比例将微生物、木屑以及一定量的辅助材料和活性剂混合、发酵形成的有机垫料。采用生物垫料发酵床环保节能养猪技术后，由于有机垫料里含有相当活性的土壤微生物，能够迅速有效地降解、转化猪的排泄物，猪场内外无臭味，氨气含量显著降低。养殖环节消纳污染物，实现了零排放。生态养猪依靠菌体对猪粪便和垫料的发酵分解作用，将粪尿完全分解，不需要冲洗，不需要对猪粪采用清扫排放，也不会形成大量的冲圈污水，其排泄物被有机垫料吸收且被微生物迅速降解、消化，不需对排泄物进行人工清理，达到无臭、无味、无害化的目的，是一种无污染、无排放、无臭气的新型环保养猪技术，而同时繁殖生长的大量微生物为生猪提供无机物和菌体蛋白质，具有成本低、耗料少、效益高、操作简单、无污染等优点。

三、适用范围

该技术适合在我国所有区域进行推广应用，无地域和其他条件限制。

推荐单位

陕西省畜牧技术推广总站
延安市宝塔区畜牧兽医服务中心

西北地区

5 粪污贮存发酵技术（上海市）

一、技术概述

（一）基本情况

猪场粪污贮存发酵技术是一种将种植业与生猪养殖业充分结合的生态循环农业技术，是以农户家庭为单位开展适度种、养一体化生产的技术。农作物为生猪养殖提供饲料，生猪养殖为种植业提供优质的有机肥，形成农业生态良性循环链。

（二）示范推广情况

自2008年起，上海市松江区探索发展猪场粪污贮存发酵技术，建立新型的"公司+合作社+家庭农场"模式。在该技术下，家庭农场生猪养殖产生的粪尿经厌氧发酵处理后还田，为农田提供优质绿肥，生猪养殖环节产生的粪尿可做到100%收集和100%资源化利用。至2021年末，上海市松江区示范推广应用该技术的种养结合家庭农场达91家。仅通过种养结合这一项，每个种养家庭农场可新增加年收入18万元，经济、社会、生态效益显著。目前，上海市松江区正在扩大该技术的应用。

二、技术要点

（一）适用原料及产出物类型

该技术适用于各类畜禽粪尿的处理及利用。经处理后产生的沼气可用于生活和生产，也可用于沼气发电，液肥作为有机肥还田，长期施用化肥造成土壤板结的现象得到生态改良。同时，经过除臭系统处理后，场界臭气浓度达到《畜禽养殖业污染物排放标准》（DB 31/1098—2018）周界排放限值中臭气浓度（无量纲）排放限值为20的要求，符合上海市的标准要求。

華東地區

17

（二）工艺技术原理及特点

猪场粪污贮存发酵技术的生产流程：首先，通过土地流转将土地集中，每户种植面积为100～200亩。在农田边建有统一规划、设计、建造的标准化猪舍1栋，占地面积一般为3亩。其次，通过"公司+农户"经营模式与农户签订代养协议。合作社向农户提供70日龄的仔猪（30千克左右），饲料由公司提供。种养结合家庭农场采用全进全出饲养方式，年出栏商品肉猪1 200～1 800头。养猪所需的饲料、疫苗和药物等投入品由公司统一配送，并派专业人员对饲养管理、疫病防控等环节进行技术指导。最后，农户将生猪养至出栏，由公司收购，并向农户支付代养费，确保农户养殖零风险。

猪场粪污贮存发酵技术的粪尿处理流程：猪粪尿通过漏缝地板长孔流入排粪沟和暂存池；在一个批次生猪饲养结束后（3～4个月），将圈舍清洗污水与猪粪尿一起形成的水泡粪通过排污泵经管道输送至田间贮存池发酵，在田间发酵池内厌氧发酵6～9个月；发酵后的猪粪肥作为粮食作物的"基肥"或"分蘖肥"，通过淌、喷灌的形式就近还田，每年根据耕种季节，还田2～3次；通过厌氧发酵产生沼气，用于生活、生产和沼气发电，降低猪场用电成本。

（三）核心设施设备及关键参数

1. 安装除臭设施

种养结合家庭农场安装一套除臭设施，包括外部箱体、过滤材料、喷淋系统、主电控箱以及风机（图1）。主要采用物理法（掩盖、吸附、稀释扩散）和生物法（微生物过滤）达到空气除臭目的。空气除臭设施安装在排风口外侧，通过密闭的风道与负压风机连接。猪舍排出的废气经喷淋水冲洗和生物过滤，起到除尘、除氨、除臭的作用。经过除臭系统处理后的空气，场界臭气浓度达到《畜禽养殖业污染物排放标准》（DB 31/1098—2018）周界排放限量中臭气浓度（无量纲）排放限值为20的要求［未安装前，场界臭气浓度（无量纲）排放值最高为40］，符合上海市的标准要求。

图1　除臭设施外部箱体（左）和内部喷淋（右）（付娟林 供图）

2. 氧化塘覆膜

种养结合家庭农场的氧化塘覆膜，采用黑色的橡胶防渗膜材料将整个氧化塘进行全封闭，具有施工简便、快速、造价低、工艺流程简单、运行维护方便、粪尿消化充分、密封性能好、日产沼气量多等优点（图2）。防渗膜材料抗拉强度高、抗老化及耐腐蚀性强、防渗效果好，利用沼气发电余热、黑膜吸收阳光、增温保温效果好，池内污泥量少。

图2　氧化塘黑膜（左）和还田管道（右）（付娟林 供图）

3. 还田管道优化

还田管道为PE（聚乙烯）材质，经热熔连接后在农田边上铺设200米，管道埋于地下40厘米，每间隔50米安装一个消防龙头，利于粪肥还田和施肥均匀。

4. 沼气发电

沼气发电是实现粪尿资源化利用的重要环节，不仅将粪尿等废弃物变废为宝，还通过沼气发酵产气实现了减量处理。沼气发电机组采用户外集装箱装置，占地面积小、脱硫、发电等功能齐全，直接供农场用电（图3）。

图3　沼气发电机（付娟林　供图）

（四）环境控制

该技术需安装除臭设施：氧化塘需覆膜，采用防渗膜材料将整个氧化塘进行全封闭；建设管道，每间隔50米安装一个消防龙头，利于粪尿还田和施肥均匀；建设脱硫、发电等功能齐全的沼气发电机组，直接供农场用电。

三、适用范围

该技术适用于具有成片农田的种植业生产区域，远离交通主干道和村庄，交通方便，并符合区域产业发展总体规划；生产和经营为生猪养殖配套稻麦轮作的基本农田模式。该技术对环境和地理条件无严苛限制条件。

推荐单位

上海市畜牧技术推广中心

上海市松江区动物疫病预防控制中心

6 粪水清洁回用技术（福建省）

一、技术概述

（一）基本情况

畜禽粪水清洁回用技术是利用复合有益微生物综合处理养殖废水后循环回用冲洗畜舍，达到污水零排放和水资源循环利用的技术。该技术不设排污口，前端粪渣固液分离后全部转为固态有机肥原料，后端废水处理后循环回用，不仅节约大量水资源，还确保外部水源不被污染，与当前其他零排放和达标排放技术相比，该技术成熟、经济实用、管理方便、运维简单、成本低，对新建和升级改造的猪场均适用。

（二）示范推广情况

自2011年以来，该技术在福建、江西、广东、江苏、四川、内蒙古等地近百家猪场示范和推广应用，最长运行时间达10年。适用范围广，既可按照该模式新建环保设施，又可利用原有环保设施进行提升改造，均可达到该技术要求，大大减少养殖户的投资成本及运行成本，受到了广大养殖场（户）的欢迎。

二、技术要点

（一）适用原料及产出物类型

该技术适用于处理各类畜禽养殖废水，经复合有益微生物综合处理后产生的循环水可达到低浓度适合养殖场回用冲洗圈舍的养殖回用水，实现畜禽养殖废水的零排放。

（二）工艺技术原理及特点

该技术是通过多种生物工程手段，在满足微生物生长的条件下，通过植入

华东地区

21

载体，迅速产生出高密度微生物菌群，能够快速有效地降解养殖废水中有机污染物、去除臭味，好氧处理过程中几乎不产生污泥，满足改善水质的要求。载体内的优势微生物是从自然界中（污水、底泥、土壤等）分离出来的多种优势菌种。微生物能够同时去除多种有机物、生长繁殖稳定、耐盐度高、具有多种酶体系，可以在不同底物浓度条件下，利用水体中有机物及各种形态的氮、磷进行同化和异化作用，实现水质净化。所研发的复合生物载体与曝气于一体的新型微生物发生器与工程设计相结合，实现水、盐回用平衡，达到零排放。

与传统技术（模式）相比，该技术应用于养殖业废水治理的最大优势在于处理后的废水可以循环回用，农户可将处理过的废水抽回用于冲洗猪舍或粪坑，实现资源化利用，达到零排放。工艺流程如图1所示。

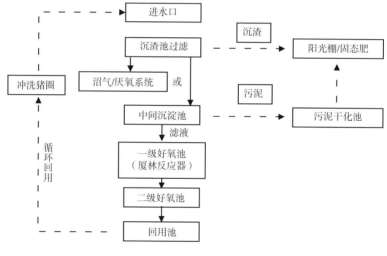

图1　工艺流程图

（三）核心设施设备及关键参数

核心设施设备：复合有益微生物发生器（图2），该发生器是基于复合载体技术开发而推出的集曝气和载体生物于一体的创新型微生物发生器。核心污水处理系统：应用微生物发生器，设计适合的污水处理回用系统（图3），达到水、盐回用平衡。关键参数如表1所示。

图2 复合有益微生物发生器设备运行
（林希光 供图）

图3 新罗区某养猪场及污水处理池全景图
（林希光 供图）

表1 关键参数

存栏规模（头）	罗茨鼓风机功率（千瓦）	污水量（吨）	曝气盘数量（个）	曝气池面积（米²）	曝气池体积（米³）
≤500	1.5	≤15	15	180	450

（四）环境控制

目前该技术在应用过程中尚未产生二次污染，符合我国养殖行业和环境污染防治的要求。

三、适用范围

适宜于我国南方水网地区、养殖场沼液难于就地就近消纳及禁止达标水质排放的区域；各种养殖规模均适用。

推荐单位

福建省畜牧总站

龙岩市畜牧站

华东地区

7 阳光房太阳能沼气发酵技术（山东省）

一、技术概述

（一）基本情况

阳光房太阳能沼气池可实现中小养殖场（户）粪污高效处理，具有密封性能好、占地面积小、易组装移动和产气多等优点（图1）。养殖场（户）产生的畜禽粪污输送至发酵沼气袋内，通过厌氧菌降解粪污中颗粒状的无机和有机物，产生的沼气可用作照明、发电和能源化利用。

图1　阳光房太阳能沼气池（宋先赟　供图）

（二）示范推广情况

依托2019年鄄城县畜禽粪污资源化利用整县推进项目，鄄城县46户生猪养殖场（户）采用了阳光房太阳能沼气池模式。养殖场（户）按照设计存栏量配套建设储粪棚和沉淀池。

二、技术要点

（一）适用原料及产出物类型

适用于鸡、鸭、猪、牛等畜禽粪污处理，干清粪和水冲粪均适用。

华东地区

（二）工艺技术原理及特点

阳光房太阳能沼气池，主要构造有高强度铝合金主框、不锈钢配件、进料斗、太阳能阳光板和纳米涂层内胆沼气袋，同时配有不锈钢脉冲沼气灶、沼气增压泵、沼气脱硫净化器、全扬程切割排污泵、沼气脱水器和自动泄压装置等。

畜禽粪污由排污泵输送至沼气袋，经过太阳能阳光板吸热增加粪污温度，发酵产生的沼气达到一定压力后，通过沼气导管输送至厨房沼气脱硫净化器，去除对人体有害气体后由增压泵传输给沼气灶，即可供做饭、烧水等使用。

（三）核心设施设备及关键参数（表1）

表 1　核心设备及关键参数

序号	名称	型号（详细配置）	单位	数量
1	铝型材	1 970毫米×5 830毫米×2 010毫米	套	1
2	进料斗	0.02米^3	个	1
3	发酵袋	厚度0.5毫米	个	1
4	阳光板	1 970毫米×5 830毫米×2 010毫米	套	1

（四）环境控制

通过该技术模式，养殖场（户）的粪污得到有效处理。粪污经过发酵处理后，沼气用于做饭、照明；沼渣、沼液还田利用。此模式较好地解决了养殖污染问题，实现了粪污的综合利用。

三、适用范围

适用于全国各地域小型养殖场的畜禽粪污处理，适用条件较广、效果明显、处置成本低，是小型养殖场（户）的最佳选择。

推荐单位

山东省畜牧总站
鄄城县畜牧服务中心

华东地区

25

干湿分离全量化还田技术（广西壮族自治区）

一、技术概述

（一）基本情况

一些经济欠发达地区的养殖业规模化率仍较低，规模以下养殖场数量占比较大，基础设施薄弱，畜禽粪污资源化利用工作进度慢且难以推进。针对现状集成了适用于规模以下养殖场（户）的生态养殖和干湿分离处理粪污全量化还田利用技术，其具有粪污收集、处理、贮存设施建设成本低，处理利用费用低，粪便、粪水和污水全量收集，养分利用率高等特点。

（二）示范推广情况

此技术处于试验示范、推广阶段。

二、技术要点

（一）适用原料及产出物类型

适用原料：生猪干清固体粪便和经初步沉淀处理后的液体粪污。

产出物类型：经益生菌处理后含水量低于30%的固体有机肥和经厌氧发酵及"微生物+"处理后的液体有机肥。

（二）工艺技术原理及特点

1. 工艺技术原理

干清粪和经沉淀池初步处理后的含渣液体粪污，通过畜禽粪污干湿分离机挤压进行干湿分离后，固体粪便（图1）喷洒枯草芽孢杆菌等腐熟菌进行堆肥发酵，液体粪污进入厌氧发酵池进行"微生物+"处理，经处理后的固体有机肥和液体有机肥可用于果树、蔬菜、花卉等种植业施肥。

华南地区

图1 干湿分离出来的固体粪污（梁凤梅 供图）

2. 工艺技术特点

重点工艺技术为粪污干湿分离机及厌氧发酵池。工艺特点为按科学比例添加益生菌或粪污处理专用微生物。

（三）核心设施设备及关键参数

1. 栏舍生态化改造

按照"源头减量，过程控制"的要求，推进生猪养殖场（户）采用干清粪方式，杜绝水冲清粪，安装防溢漏饮水器，严格落实雨污分流。

2. 配套建设粪污处理设施

配套干湿分离机，并按有关规定建设沉淀池、厌氧发酵池等粪污处理设施，确保粪污发酵腐熟。

3. 全程使用高效微生物

在养殖环节和粪污处理环节使用高效微生物，促进饲料消化吸收和粪污充分发酵腐熟，减少臭气产生。

4. 落实充足的消纳土地

按不低于0.2亩/头的要求落实粪污消纳土地（含耕地、林地和园地），配套充足的粪肥还田（地）设施。自身消纳土地不足的养殖场（户），要采用"养殖场就近就地利用、种植户+养殖户合作利用、委托第三方服务利用"的综合模

华南地区

27

式，确保粪肥全量化安全还田（地）消纳利用。

（四）环境控制

沉淀池、发酵池及相应管道（或暗沟）应做好防雨、防渗、防溢等措施；干湿分离机及堆肥场应设置遮雨棚、挡水围墙等防水设施。

三、适用范围

适用于设置平地或缓坡的规模以下生猪养殖场。

推荐单位

百色市畜牧技术推广站
广西壮族自治区畜牧站

太阳能沼气厌氧发酵技术（河南省）

一、技术概述

（一）基本情况

太阳能厌氧处理技术是应用太阳能沼气厌氧发酵设备对畜禽粪污进行厌氧发酵处理的一种能源化资源利用技术。主要设备包括酸化贮存池和太阳能沼气发酵设备，处理工艺分为预处理工艺、厌氧发酵工艺、后续处理工艺等。该技术具有场地易选择、施工方便、操作简单、运行稳定、投资少、回报率高等特点，从源头治理了中小型及规模以下养殖场（户）因粪污设施配套难、治理能力差所造成的臭水乱流、臭气扰民等顽疾。通过太阳能吸热板、余热回用设计提高厌氧发酵液温度，有效解决养殖场（户）沼气产气率低、运行维护难、沼气利用难等问题，使畜禽粪污处理过程中所产生的甲烷气体得到了有效收集和充分利用，提升了粪污厌氧发酵速度和容积产气率，减少了温室气体排放，改善了畜禽养殖的生态环境，提高了畜禽粪污处理利用效率和经济效益。

（二）示范推广情况

该技术2017年开始在河南省周口市、鹤壁市等地养殖场（户）中推广应用，目前技术设备已从第一代产品发展到第七代产品，设备启动、运行、温控等应用管理基本实现了智能化远程操作控制，技术成熟，设备配套，《2018年河南省畜牧局推介发布为河南省畜牧业主推技术》（豫牧人〔2018〕16号文），目前已在河南全省养殖场（户）中大范围推广应用。

二、技术要点

（一）适用原料及产出物类型

适用原料：畜禽养殖废弃物、秸秆废料。

华中地区

产出物类型：沼气、沼渣、沼液。

（二）工艺技术原理及特点

1. 工艺流程（图1）

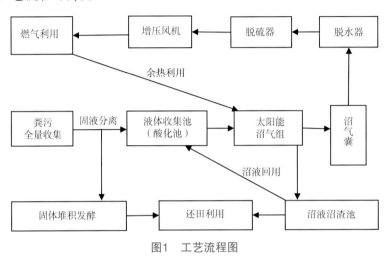

图1 工艺流程图

2. 技术工艺

（1）预处理工艺。预处理工艺包括收集、调节及酸化。全量收集的畜禽粪污添加一定比例易降解的秸秆废料，通过沼液回流利用，在酸化池中将发酵物的总固体浓度（TS）调节到适宜厌氧反应所需的物料浓度，以提高后续厌氧发酵的效率和稳定性。以污水降解为主的生态型沼气池，建议夏季发酵物的总固体浓度控制在3%左右，冬季发酵物的总固体浓度控制在6%左右；以生产沼气为主的能源型沼气池，发酵物的总固体浓度控制在8%～13%。

（2）厌氧发酵工艺。太阳能厌氧发酵池是整个技术工艺的核心，包括进料单元、太阳能加热单元、厌氧消化单元、保温增温单元。酸化池的料液通过进料口送到沼气池，遇到低温天气通过太阳能热交换系统、热循环保温系统对料液进行加热，调节发酵料液的温度和沼气池的热平衡，以维持适合甲烷菌生长的稳定环境，促使粪污充分发酵降解，不出现结壳、卡料等现象，同时防止寒冷季节沼气池及输水输气管线结冻，保证沼气池正常满负荷产气，不影响沼气及设备使用。

（3）后续处理工艺。后续处理阶段主要包括沼气、沼液、沼渣的收集利用。沼气通过沼气净化器去除沼气中的硫化氢、二氧化硫等有害气体，再通过增压泵供养殖场内部沼气锅炉、沼气燃气灶、热水器等生产生活设备利用或供给附近居民作为燃气使用；沼液通过沼液收集池进一步处理后作为酸化池粪污稀释用水，养殖圈舍地板、粪沟等设施的冲洗用水或作为液态肥还田利用；沼渣进一步处理后可作为优质的有机肥料还田利用。

（三）核心设施设备及关键参数

太阳能厌氧处理利用主要技术参数包括粪污处理量、酸化池容积、太阳能沼气组数、沼液池容积。

1. 粪污处理量计算

根据养殖场的生猪存栏规模参照表1计算粪污产生量或者参照农业农村部《畜禽养殖场（户）粪污处理设施建设技术指南》文件中单位畜禽粪污日产生量参考值。

表 1　生猪不同饲养阶段粪便、污水、尿液产生量参数

饲养阶段	大保育	育肥育成	繁殖母猪
体重（千克/头）	20～60	60～90	150～300
平均日产鲜粪重（千克/头）	1	1.7	2.7
平均日产干粪重（千克/头）	0.3	0.5	0.8
平均鲜粪污含水率（%）	72	72	72
平均日产污水量（千克/头）	3	4	6
平均尿液产生量（千克/头）	2	4	7

2. 沼气池总规模与场地面积确定

场地面积要根据畜禽养殖产生的粪污量及贮存时间，参照表2设计酸化池、

太阳能沼气池和沼液存储池的容积。也可参照农业农村部《畜禽养殖场（户）粪污处理设施建设技术指南》中的参考值进行测算确定。

表2　太阳能沼气池建设规模参照表

酸化池容积（米³）	酸化周期（天）	太阳能沼气池（组）	发酵周期（天）	沼液存储池容积（米³）	沼液存储周期（天）
40	10	1	3～5	480	120
80	10	2	3～5	960	120
120	10	3	3～5	1 440	120
160	10	4	3～5	1 920	120
200	10	5	3～5	2 400	120
320	10	8	3～5	3 840	120
400	10	10	3～5	4 800	120

注：根据《畜禽养殖污水贮存设施设计要求》（GB/T 26624—2011）沼液存储池的容积要求，沼液贮存池容积要预留出降雨的容积和预留容积（存储池面积 × 存储池预留高 0.9 米）。

3. 沼气池容积确定（表3）

表3　沼气池容积确定参照表

适用存栏生猪量（头/年）	均处理降解物 TS6%以下（千克/天）	均产气（米³/天）	均产沼渣沼液（吨/天）	有效储气容积（米³）	太阳能沼气池（组）
500	3 500	20	3.5	20～30	1
1000	7 000	40	7	40～60	2
1 500	11 500	60	11.5	60～90	3
2 000	14 000	80	14	80～120	4
2 500	17 500	100	17.5	100～150	5
4 000	28 000	160	28	160～240	8
5 000	35 000	200	35	200～300	10

注：建议存栏2 000头以上的规模时，发酵池容积扩大一倍。

4. 基础运行参数（表4）

表4　基础运行参数

运营项目	基础数据
全量收集池固体物质含量	20%左右
全量收集池COD值	20 000 ~ 30 000
固液分离机后，固体物质含量	小于8%
酸化池中固体物质含量	小于5%
酸化池液体COD含量	15 000 ~ 20 000
一级沼气发酵池出口COD值	1 200 ~ 4 000
二级沼气发酵池出口COD值	700 ~ 1 100
沼液池（贮存180天）COD值	600 ~ 800

（四）环境控制

该技术实现种养结合的生态循环，建议夏季发酵物的物料浓度控制在3%左右，冬季发酵物的物料浓度控制在6%左右；以生产沼气为主的能源型沼气池，干物质含量控制在8% ~ 13%；冬季做好设施设备防寒保温。

三、适用范围

生猪养殖场（户）。

推荐单位

河南省畜牧技术推广总站
河南省鹤壁市浚县畜牧局

华中地区

发酵床生态养牛技术（湖北省）

一、技术概述

（一）基本情况

湖北省潜江市肉牛产业快速发展，但受水网湖区的环境束缚和因江汉平原牧草资源先天性缺乏，成为制约潜江市草食畜牧业发展的两大瓶颈。为保障潜江市肉牛产业健康可持续发展，该地区多家规模以下肉牛场因地制宜，吸收利用当前发酵床养牛技术，对江汉平原"麦—玉—玉"生态养牛技术加以改进，形成了"麦—玉—玉"+发酵床生态养牛技术。该技术一方面通过"麦—玉—玉"种植模式，实现一年种植三季饲料作物，收割的全株青贮，解决了规模以下肉牛场青饲料来源问题；另一方面通过建设发酵床牛舍，将牛的卧床和运动场合二为一，铺设垫料，由有益微生物组成的复合菌群消化分解牛粪尿，机械化翻耙、清运垫料，大幅节约清粪成本；发酵后的垫料可作为有机肥还田，达到高效、节本、增收等目标，促进健康养殖与生态环境协调发展。

（二）示范推广情况

该技术已在湖北省潜江市得到广泛推广应用。从该市应用实践来看，该技术应用效果良好，推广前景广阔。

二、技术要点

（一）适用原料及产出物类型

选用作物秸秆、谷壳、锯末等副产品作为垫料原料，添加复合发酵菌种后制作发酵床开展肉牛养殖。养殖利用后的垫料可制作有机肥，或发酵后用于农田施肥。

华中地区

（二）工艺技术原理及特点

将肉牛发酵床养殖模式与潜江市"麦—玉—玉"种植模式相结合，打造种养结合模式，既解决了规模以下肉牛场青饲料来源问题，又解决了肉牛养殖带来的环境污染问题。

1. 牛舍建设

轻钢结构，双列式，长25米，宽15米，高5米，檐高4米。中间走道宽2米，便于铲车等机械进出。每列不再分栏，各饲养肉牛15头。牛舍一端设机械出入口，栏内建地槽式饮水（图1）。

图1　牛舍（樊孝军　供图）

2. 发酵床制作、维护与利用

（1）垫料原料。因地制宜，选用农作物秸秆（玉米秆、稻草等）、谷壳、花生壳、食用菌渣等本地易采购、成本低的农副产品作为垫料原料，参考比例（体积比）：秸秆30%～40%、谷壳40%～50%、锯末10%～20%。秸秆、玉米芯的粉碎粒度1～2厘米。也可将上批床体铲下的垫料，经发酵、风干、粉碎后再次利用。腐败或发霉的物料不宜用作垫料。

（2）垫床制作。发酵床厚度控制在30～50厘米，初期铺15厘米厚，后期分批补充。菌种选择含有芽孢菌、酵母菌、乳酸菌、黑曲霉、木霉等成分的复合发酵菌种，有效活菌≥100亿个/克，用量应参照产品说明书。菌种与垫料均匀混合，在舍内铺平。

华中地区

（3）垫料更新及资源化利用。应对垫料进行部分清理。发酵床使用半年后，可部分更新，使用2年后应全部更新。小型牛场的垫料经高温发酵后，可用于农田、蔬菜基地、果园施肥。

3. 种植模式

采用一年三季"麦—玉—玉"种植模式。

（1）优选品种。小麦选用郑麦9023或鄂麦596，玉米选用雅玉青贮8号。

（2）茬口搭配。小麦10月末播种，小麦播种量12.5千克/亩，翌年4月下旬收割；第一季玉米5月初播种，播种量2千克/亩，7月下旬收割；第二季玉米8月初播种，10月下旬收割；玉米种植密度为6 000株/亩，平均行距65厘米，株距16.5厘米。

4. 青贮加工

（1）适时收割。在不影响作物产量和品质的前提下收割，保证作物的营养成分和适宜的水分（65%～75%）。小麦在4月20日灌浆期收获，第一季青贮玉米和第二季青贮玉米分别在7月20日乳熟期和10月20日乳熟期收获，用青饲料收获机收割以节约农时，确保茬口衔接。

（2）快速运输。原料收割后及时运至青贮地点，以防耗时过长造成水分蒸发，细胞呼吸及物料氧化作用造成营养损失。

（3）裹包青贮。秸秆通过液压打包机使用优质的青贮饲料包装袋裹包贮存，袋内密封，装填紧实，形成良好的发酵环境。在厌氧条件下，经一周完成发酵，贮存20～30天即可饲喂，保存期达3～4年，达到秸秆青贮的目的。

5. 肉牛育肥

购买250～300千克架子牛育肥，养殖模拟自然放养状态，实行"大栏散养"。每头肉牛养殖10个月左右，增重400～450千克达到700千克时出售。

6. 机械配套

此模式采用全程机械化，需拖拉机、播种机、旋耕机、青饲料收获机等机械设备，自己购买或租赁（图2）。

华中地区

（三）环境控制

1. 垫床维护

根据发酵床状态，用旋耕机每月翻耙2~3次。当垫床板结，或粪尿分布不均匀时，应及时翻耙。发酵床的适宜含水量为40%~55%，水分过高时应补充新垫料。根据发酵情况，每3~4个月补充菌种。

图2　收割机（樊孝军　供图）

良好的垫床呈黄褐色或棕褐色，质地松软，水分适宜，无明显异味，牛体干净。若牛刨地时蹄后有扬尘，说明水分较低，可适当增加养牛密度；若局部能看到水泥地面，说明垫床较薄或分布不均匀，应添加新料并翻耙；若蹄坑和卧痕明显，说明辅料较少，应补充新料；若牛体较脏，垫床稀软，说明水分过高，应添加新料、增加通风，必要时应降低养牛密度；若异味明显，说明发酵缓慢，应补充新料和菌种，并加强通风。

2. 通风与保暖

夏季自然通风，必要时采用风机降温，遮阳网覆盖遮阳；冬季用卷帘挡风保暖，并采用补充干垫料、适当降低密度、增加垫床厚度等措施降低湿度。

三、适用范围

该技术适用于江汉平原所有肉牛养殖户。

推荐单位

湖北省畜牧技术推广总站
湖北省潜江市畜牧技术推广站

华中地区

11 粪污沼气处理技术（湖南省）

一、技术概述

（一）基本情况

肉牛产生的粪污，以沼气处理模式为主，其他粪污处理模式为辅。通过沼气发酵，沼气用作生活燃料，沼渣和沼液用作农家肥，就地就近消纳粪污，取得了较好的经济效益和生态效益。

（二）示范推广情况

技术方法适合在我国东北、东部沿海、中东部、华北平原、西北地区推广应用。

二、技术要点

（一）适用原料及产出物类型

适用原料：牛粪等畜禽粪便、尿液、污水和农村黑臭水体，农村适宜造肥的固液有机垃圾、作物秸秆、食用菌菌糠等。

产出物类型：沼气、沼液、沼渣、沼液肥、有机肥。

（二）工艺技术原理及特点

1. 工艺技术原理

工艺技术原理见工艺流程图（图1）。

2. 沼气池技术要点

发酵装置：发酵池是沼气产生的场所，是一个严格密闭的，是沼气人工制取和贮存沼气的一种设备。主要由发酵室、进料口、出料口、水压箱、活动口

华中地区

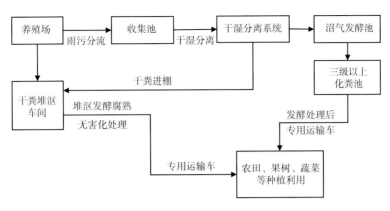

图1　工艺流程图

（水封圈）、活动盖、导气管等组成。人畜粪便、农作物秸秆、厨房废弃物等有机材料从进料口进，在发酵室内通过厌氧发酵产生气体，再通过导气管导出，进入净化装置。

3. 沼气水肥（沼液）的施用要点

喷灌方式：沼气水肥澄清液（无沉渣的发酵液）用于喷施，这种方法用于机械操作，喷施的效率高，省工省力，一般用于农作物追肥，每亩施用沼肥量为1 500～2 500千克。

撒施方式：把沼气水肥装入粪罐车，往农田撒施，并应立即进行翻耕，有利于水肥与土壤较快结合，养分被土壤吸收，防止肥分损失。撒施的肥料一般作追肥或底肥，施肥量每亩为2 500千克左右。

浇施方式：有灌溉条件的农田、菜园，可结合农田灌溉，浇施沼气水肥。这种方法的特点是沼肥养分与水结合在一起，能均匀灌到土壤中，有利于农作物快吸收，节省施肥用工。这种方法适合作追肥，每亩施肥量为1 500千克左右。

（三）核心设施设备及关键参数

沼气净化装置：从厌氧沼气池中出来的沼气中含有大量的水汽、粉尘杂质、硫化氢等有害气体。导出的沼气经过其水分离装置初步脱水除尘后进入脱硫塔净化器，利用合理的反应条件可经济地将沼气中的硫化氢脱至200毫克/升以下，脱硫后的沼气进入沼气增压泵进行增压输送，再用来电灯照明、烧水做饭等。

华中地区

（四）环境控制

首先做到源头减排。养殖户通过使用节水设备，减少冲栏次数，养殖场栏舍节水设备改造投资每处大约在0.05万元，通过改造后，用水量每天可以少用1~3千克。

图2　牛场现场统一饮水、喂料（黄金龙牛场 供图）

其次加强过程控制。养殖场对栏舍进行干湿分离（图3）和雨污分流（图4），通过安装雨污分流管网，减少养殖废水排放，同时安装干湿分离机，建设费用大约为3.5万元，粪污干湿分离后，干粪进干粪堆场发酵，粪水直接进入沼气池，对粪污进行了无害化处理，提高了粪污利用效率。

图3　干湿分离机进行干湿分离（黄金龙牛场 供图）

华中地区

图4 雨污分流设备（黄金龙牛场 供图）

最后搞好末端利用（图5）。按照土地承载能力要求，养殖场根据养殖数量配套相应林地、草场、农田、菜地，做到粪污全利用，污水零排放。粪污产生沼气后用于居民照明、取暖等生产生活，沼液主要用来种植饲草和农作物。

图5 沼气作燃料进行末端利用（黄金龙牛场 供图）

三、适用范围

该技术适用于中小型肉牛养殖场。

推荐单位

湖南省畜牧水产事务中心

湖南省汨罗市畜牧水产事务中心

华中地区

12 黑水虻高效转化猪粪技术（云南省）

一、技术概述

（一）基本情况

该技术以实现猪粪无害化处理、资源化利用为目标，利用资源昆虫黑水虻对猪粪进行生物处理。黑水虻幼虫通过采食猪粪，吸收其中未被生猪利用的营养物质，生产优质的昆虫蛋白质，并将猪粪转化为无病害、无臭味的优质有机肥产品（有机质含量达到78%），形成了健康绿色发展模式。

（二）示范推广情况

目前，该模式已在云南昆明、楚雄、大理、曲靖、昭通、红河、西双版纳等9个州（市）21个县（区）示范推广，示范点达30余个。以1万头猪场为例，每年可获得利润100万元。

二、技术要点

（一）适用原料及产出物类型

该技术适用于猪粪的无害化处理及资源化利用。黑水虻转化猪粪的产物为虫沙和虫体蛋白，黑水虻幼虫可作为动物饲料直接饲喂，或烘干后保存（图1），作为蛋白饲料添加；虫沙可直接利用，也可进一步处理制成生物有机肥料。

（二）工艺技术原理及特点

黑水虻幼虫通过采食猪粪，能够取食畜禽粪便，生产高价值的昆虫蛋白饲料和无病害、无臭味的优质有机肥产品（有机质含量达到78%），猪粪可减重50%~60%。因其繁殖迅速、生物量大、食性广泛、吸收转化率高、容易管理、

西南地区

图1 虫粪分离机和烘干的虫体（赵智勇 供图）

饲养成本低、适口性好等特点，被广泛应用于畜禽养殖粪便的无害化处理、资源化利用领域，产生的经济、社会和生态效益显著。

（三）核心设施设备及关键参数

（1）种虫房内温度需维持在28～32℃。

（2）专用孵化箱内进行孵化，孵化温度为28～32℃，孵化相对湿度为70%～80%。

（3）孵化盘下置幼虫接收盘，内装饲料，饲料配比为豆粕：玉米面：米糠=1：2：3。

（4）幼虫培育间温度需维持在26～28℃。

（5）转化池温度需维持在15～32℃。

（四）环境控制

1. 成虫养殖

成虫饲养需建造专用的种虫房，配备通风换气、繁殖交配产卵及防止成虫逃逸等设施，确保充足的光照和适宜的温度。虫蛹在羽化前2～3天放置在种虫房内（环境温度28～32℃）；种虫房内设置绿植供黑水虻栖息交配，每天定时向绿植叶面喷洒2%的红糖水，满足黑水虻成虫生长活动需要；虫蛹羽化后2～3天，将畜禽粪便或腐败性有机物等臭味物质搅拌混制成产卵诱导剂（含水率85%～90%），装入塑料盆中，用20～30目纱网封口，随后将塑料盆放置在种虫房内，避免阳光直射，在塑料盆上面放置产卵板，吸引黑水虻产卵。为保证将来幼虫生长整齐，需每天收集虫卵。

2. 幼虫孵化

每天收集的虫卵置于孵化盘，并放入专用孵化箱进行孵化（图2），保证适宜的孵化温度（30～32℃）和孵化湿度（70%～80%）。孵化盘下放置幼虫接收盘，内装饲料，饲料配比为豆粕：玉米面：米糠=1：2：3，孵化2～4天后幼虫自然迁出落入幼虫接收盘中。

图2 黑水虻孵化箱

3. 初孵幼虫饲养

刚孵化的幼虫在幼虫培育间内继续培养3天，环境温度维持在26～28℃，适当添加饲料，饲料配比同上。

4. 猪粪转化

收集的猪粪通过预处理转化为粪便浆料（含水率70%～80%）（图3），随后将粪便浆料均匀铺设至转化池，投入培养好的3～5日龄黑水虻幼虫，此后每天补充粪便浆料，粪便浆料厚度不宜过高、需均匀分布。环境温度维持在15～32℃内，处理12～15天后，方可进行虫粪分离。

图3 饲喂的猪粪（赵智勇 供图）

5. 种虫

黑水虻幼虫分离后按5%～10%的比例选留优质个体作为种虫，用饲料进行二次饲喂，饲料配比同上，待70%的幼虫变为棕黑色的预蛹（图4）后停止饲喂。

图4　黑水虻蛹（赵智勇　供图）

6. 预蛹管理

停止饲喂后，将预蛹放置于通风良好、干燥、阴凉处，在15～25℃环境下蛹化。

三、适用范围

该技术适用于干清粪工艺的生猪养殖场、蛋鸡养殖场等。

推荐单位

云南省畜牧总站
云南省楚雄州畜牧科技推广站
云南省楚雄州禄丰市畜牧科技推广站

物联网控制发酵床技术（云南省）

一、技术概述

（一）基本情况

一种基于物联网控制的畜禽粪肥发酵床技术是由物联网管理平台控制，通过传感器实时监测发酵过程中温度、湿度、氨气、二氧化碳、光照、雨量、大气颗粒物及微生物菌种等数据的变化，通过App随时随地查看数据动态。对清出圈舍的畜禽粪污和发酵床垫料采用e-PTFE（膨体聚四氟乙烯）分子纳米发酵膜覆盖进行异位堆肥，以获得优质有机肥进行还田施用，并减少堆肥过程中臭气等污染气体排放。降低了养殖成本（80%的固定基础投资及65%的运营成本）。可从源头减量、过程控制、末端利用等环节协同发力，对中小规模养殖场、家庭农场、农村粪污集中处理。

（二）示范推广情况

该技术适用于畜禽粪污分散的农村地区及中小规模养殖场，可对周边养殖场、农户粪污及农田秸秆集中处理，采用好氧膜堆肥方式生产有机肥。目前该模式在禄劝县发古养殖场及禄劝县云龙水库水源保护区建立起287个集中处理点，提供2 296个就业岗位，实现农户增收和养殖业的绿色可持续发展。

二、技术要点

（一）适用原料及产出物类型

该技术适用于畜禽粪污分散的乡村地区及中小规模养殖场，可实现畜禽粪便、农户粪污及农田秸秆资源化利用，生产优质有机肥产品，并实现种养循环。

西南地区

（二）工艺技术原理及特点

总体技术架构由云、管、用三大技术核心构成，"云"即通信协议、多类型通信、数据库等构成的物联网架构技术；"管"即数据应用、设备建模注册、控制任务逻辑等管理程序技术；"用"即数据采集、设备控制、App应用程序等应用层技术（图1）。

图1　数据管理平台（张晓侠 供图）

通过e-PTFE分子纳米发酵膜覆盖畜禽粪污，可达到阻隔臭气排放、高温杀菌灭菌，获得腐熟堆肥的目的。该技术实现堆肥高温期（≥45℃）15天以上，有效杀灭畜禽粪便中含有的病原菌、螨虫卵，减少堆肥产品30%的氮损失，固氮固养提质20%，促进了畜禽粪污资源无害化利用。

（三）核心设施设备及关键参数

1. e-PTFE分子纳米发酵膜

e-PTFE分子纳米发酵膜主要由三层结构。其中，内外两层为聚酯纤维保护层，具有良好的机械强度和耐腐蚀的特点，核心中间层通常为膨体聚四氟乙烯膜，这种膜材料兼具良好的防水透湿性能，不仅可以防止外界环境的干扰，又有利于堆体水分的快速蒸发。同时，该膜可以起到臭气减排、高温杀菌、固氮固养提质增效的作用。

西南地区

47

2. 物联网养殖场环境管理控制平台

通过云端通信、传感器数据采集、输出控制三项技术，实时监测数据、动态调整堆肥温度、湿度、氨气等，数据可上传至农业局后台、环保局后台及用户App，用户可调阅历史数据进行曲线分析等，真正实现智慧养殖、畜禽粪污资源化利用。

3. 氧气供给系统

物联网监测平台根据发酵床堆肥温度、湿度、氨气、水分变化，灵活调整氧气供给，促进有机质降解，经15～20天发酵即可获得堆肥腐熟（图2）。

图2 案例现场（张晓侠 供图）

4. 发酵床

相比于大型沼气池工程和有机肥规模化生产存在的建筑投资成本大，畜禽粪便集中收储浪费土地资源、异地运输增添成本的问题，物联网控制畜禽粪肥发酵床技术（图3）可有效实现畜禽粪污资源就近就地资源化利用。

（四）环境监控系统

通过传感器监测可实时监控畜禽粪污对养殖场周边环境的影响，数据可上传至当地主管农业生产与环境保护的有关部门和用户App等，用户可以调阅历史数据进行曲线分析等操作，实现智慧养殖、气象信息自动监测。

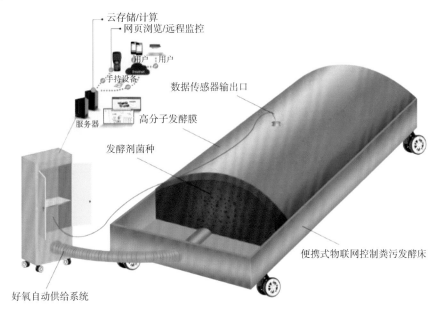

云存储/计算
网页浏览/远程监控
用户 用户
手持设备
数据传感器输出口
服务器   高分子发酵膜
发酵剂菌种
便携式物联网控制粪污发酵床
好氧自动供给系统

图3 发酵床（张晓侠 供图）

三、适用范围

这种以物联网控制畜禽粪肥发酵床的技术适用于中小规模养殖场、家庭农场等场所，可解决小规模养殖场粪污面源污染问题，并将畜禽粪污进行有机肥生产，延伸了产业，增加了就业岗位。构建了种养循环及环境保护等一举多措模式，取得了良好的经济、社会和生态效益。

推荐单位

云南省畜牧总站
昆明市动物疫病预防控制中心
云南省昆明市禄劝县茂山镇畜牧兽医站

西南地区

49

坑式发酵堆沤技术（四川省）

一、技术概述

（一）基本情况

近年来，四川省渠县肉牛养殖产业发展较快，但养殖废弃物资源化利用技术相对滞后，大量未经处理的牛粪随意堆放，对空气、水体以及土壤造成了严重污染，危害人类身体健康。渠县养殖废弃物处理已成为焦点问题，污染防治迫在眉睫。资源化利用是从源头上防治污染的有效手段，采取坑式发酵和种养结合模式进行资源化利用逐渐成为渠县肉牛养殖产业粪污处理的重要技术。

（二）示范推广情况

该技术在渠县规模以下肉牛养殖场（户）中普及率达80%。

二、技术要点

（一）适用原料及产出物类型

向肉牛养殖场粪污投入菌种，通过坑式发酵堆沤技术生产优质有机肥。

（二）工艺技术原理及特点

肉牛养殖场粪污经雨污分流、干湿分离、固液分离后，粪渣固体集中收集到坑式储粪池中沤制发酵，发酵完成后采用干湿分离机进行干湿分离，固体部分作为固体有机肥使用，液体部分则进入粪水密封存贮池进行厌氧发酵处理，获得优质沼肥，农时作为基肥还田利用（图1）。

西南地区

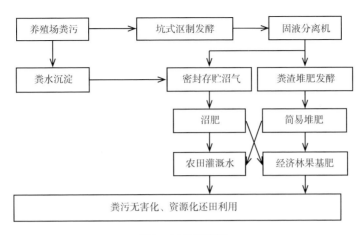

图1 工艺流程图

（三）核心设施设备及关键参数

1. 雨污分流

雨水和场区内的排污水分开收集，雨水采用排水沟输送，污水则采用管道输送到沉淀池和氧化塘，发酵后达标排放。

2. 干湿分离、固液分离

场区内牛粪采用干清粪的收集方式（图2），牛粪被统一收集到坑式沤肥池，尿液流入沼气池。

3. 污水处理工艺

固液分离后的污水通过排污沟流入沼气池，进行厌氧发酵处理，有机物发酵完全后进入氧化塘，农时还田使用，实现种养结合。

图2 干粪棚（陶义平 供图）

西南地区

51

4. 有机肥生产工艺流程

坑式沤肥发酵池中的粪污（图3），经过升温、发酵、腐熟、除臭等一系列无害化处理后，再采用干湿分离机进行固液分离（图4），固体部分投入微生物菌种制成农用有机肥，液体流入沼气池，还田使用。

图3　坑式发酵池（李桂芳 供图）　　　图4　干湿分离机（陶义平 供图）

（四）环境控制

（1）发酵后的牛粪含水率需控制在40%～65%范围内。以手紧抓一把牛粪，指缝见水印但不滴水，落地即散为宜。

（2）启动温度需在15℃以上，堆体高温期温度控制在70～75℃。

（3）加大外源氧气供给，定时翻堆，避免发生厌氧现象，影响肥料效果。

（4）牛粪堆肥期间温度升高到65℃以上时，需翻堆一次。一般情况下，堆肥过程中会出现两次高温期（≥65℃），堆肥期间进行两次翻堆即可，堆肥周期为一周。

三、适用范围

规模以下肉牛养殖场（户）。

推荐单位

四川省畜牧总站

四川省达州市畜牧技术推广站

四川省渠县畜牧技术推广站

西南地区

第二部分

规模以下养殖场（户）典型案例

干清粪固液分离还田利用模式（河北省）

一、实例概述

规模以下养殖场（户）建设堆粪场、污水沉淀池（可用PP罐替代）等基础设施，采取干清粪工艺，实现粪污固液分离，固体粪便在堆粪场堆沤发酵，腐熟完全后还田利用，液体污水排入污水沉淀池，腐熟完全后用于农业生产，养殖场无污水排放。

二、实施地点

衡水市桃城区，主要包括邓庄镇、河沿镇、赵圈镇、河东办4个养殖密集区域。

三、工艺流程

养殖场（户）粪污处理工艺流程图见图1。主要通过建设堆粪场、污水沉淀池等基础设施（图2），采用干清粪方式实现原位固液分离，固体粪便在堆粪场堆沤发酵腐熟后还田利用，液体污水排入污水沉淀池［也可用PP（聚丙烯）罐替代］发酵后还田。

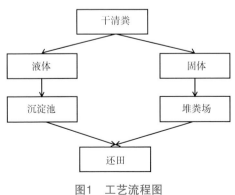

图1 工艺流程图

图2 堆粪场和污水沉淀池（张伟涛 供图）

四、技术要点

（一）堆粪场

堆粪场选址位于生产区下风向，靠近污道，便于粪便清运。一般为长方形和正方形，设进、出粪口，可轮换使用。由钢筋水泥底（15厘米左右）、四周砖墙（三七墙，水泥抹面）和钢筋混凝土（20厘米左右）构成，并进行防水处理，上覆开放式或半开放式防雨盖。满足防雨（有顶棚）、防渗（做防渗处理）、防溢流（有围墙）"三防"要求。粪便堆放场所容积为：每10头猪（出栏）约1米³，每1头肉牛（出栏）或每2头奶牛（存栏）约1米³，每1 000只肉鸡（出栏）或每250只蛋鸡（存栏）约1米³，出栏3只羊折合为1头猪，总容积要求至少贮存3个月的粪污量（图3）。

图3　堆粪场（张伟涛　供图）

（二）污水沉淀池

污水沉淀池可分为畜禽舍边的一级沉淀池、流通过程的二级沉淀池和最终汇集的三级沉淀池。一级、二级沉淀池要靠近污道，三级沉淀池选在堆粪场附近。三级沉淀池为全地下式，深度在2~2.5米，一般为上大下小的梯形，设有进污口和清污口，建成3个以上梯度单元，钢筋水泥铺底（25厘米左右），并进行防水处理，上口加装盖板，做到"防雨、防渗和防溢流"三防要求。建设雨污分流设施，污水采用暗道或管道输送到污水沉淀池，暗管直径大于30厘米，防止淤堵（图4）。

华北地区

华北地区

图4 污水沉淀池（张伟涛 供图）

（三）养殖场

养殖场一般均配套自有土地，产生的粪污施用于自有土地，配套土地不足的地区，由当地农业农村局指导养殖场与周边种植户签订粪污消纳协议。配套土地按畜禽存栏量计算：1亩地3头猪；2亩地1头奶牛；1亩地1头肉牛；1亩地7只羊；1亩地70只蛋鸡。

（四）粪污固液分离

粪污通过干清粪方式，在养殖舍内实现固液分离，通过地面坡度和排污沟设置，将污水及时排入到沉淀池；固体粪便由人工和机械收集，运输至堆粪场。养殖场定期清粪，无粪便堆放、污水渗漏和外排污口，场区及周边环境保持整洁，粪污处理后及时还田。

五、投资概算与资金筹措

（一）投资概算

根据成本测算及调查，建设堆粪场200～310元/米^2，污水沉淀池180～200元/米^3。年出栏300头猪的养殖场需配套建设堆粪场30米^2，污水沉淀池90米^3，两项费用投资2.22万～2.73万元。部分中小养猪场污水沉淀池采用三PP罐（三型聚丙烯罐），每个40米^{3}PP罐市场售价9 200元，年出栏300头的猪场安装2个40米^{3}PP罐，年出栏100头的猪场安装1个40米^{3}PP罐，费用与建设沉淀池接近，更加环保，便于清理。

（二）资金筹措

养殖场自筹。

六、取得成效

（一）经济效益

干清粪工艺还田利用模式，投资少、技术要求低，更适合中小型养殖场。处理所产生的有机肥作为缓释肥，调节土壤结构、增加作物产量，为农户取得一定经济效益。

（二）社会效益

该区将案例中技术要点印成"明白纸"，发放给养殖户。2019—2021年共发放1 500多份，通过现场指导、电话答疑、集中培训等方式进行畜禽粪污资源化利用技术指导近500次，1 000多人次。该案例已在35个规模以下养殖场应用，有效解决了该区规模以下畜禽养殖场（户）粪污处理难题。

（三）生态效益

将粪污进行发酵处理，还田利用，有效缓解了养殖集中区粪便随处堆放造成的面源污染，减少了化肥和农药的使用量，对促进种养绿色循环、改善农村居住环境、助力乡村振兴发挥了重要作用。

推荐单位

河北省畜牧总站
桃城区农业农村局

华北地区

粪污统一收集还田利用模式（河北省）

一、实例概述

由处理中心定时收运集中处理，暂存、收运、处理各环节无缝对接。粪污处理主要采用厌氧发酵形式，将处理后沼渣进行有机肥生产，沼液制成叶面肥，沼气发电或燃烧加热，实现粪污资源化利用。

二、实施地点

辛集市新垒头镇马兰村、吴家庄村。

三、工艺流程

（一）流程介绍

充分发挥粪污处理中心集中处理和收运处理体系优势，首先将养殖场（户）粪污进行收运，存放于集污池，其设计容积为200米^3，具备除沙、异物筛选功能，进行裂泡处理后进入厌氧发酵池，生产的沼气经过脱水塔、脱硫塔后，贮存在贮存柜中，并进行锅炉发电自用，或按照低于市场天然气收费标准供应周边企业日常生产。此外，厌氧发酵产生的沼渣沼液，经过固液分离后，固体制备有机肥进行果树底肥施用，沼液被制作成叶面肥，用于果树喷淋（图1）。

（二）运行机制

养殖场（户）自行配套半封闭式小推车，每日将粪污运至收集井。同时，该市大力推行干清粪方式，控制养殖过程用水量，最大限度降低粪污产生量。集中处理中心成立专业清运队伍，建立收贮运服务体系，根据马兰—吴家庄区域散养户分布情况、养殖规模、粪污产生量等，确定清运路线、收集频次，制定收运

59

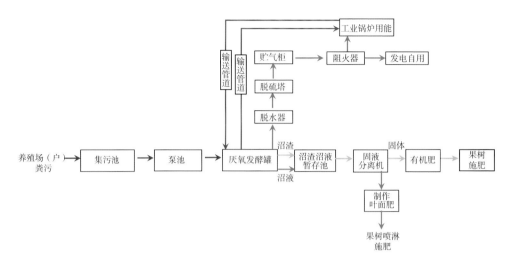

图1　工艺流程图

计划表，将每天清运计划安排到场（户），及时收集粪污。地方政府监管人员、处理中心、养殖场（户）建立微信群，及时发布收运计划、临时变动情况、清运需求，保障收贮运工作高效开展。处理中心与马兰—吴家庄片区分散养户在政府引导下，建立互不付费合作机制。

四、技术要点

（一）收集池建设

养殖场（户）建设粪污暂存设施，采用一场（户）一池就近建设方案，该镇共建设地下式收集井110余座。

（二）收运团队

收集环节采用专业运营团队，采用专用吸污车，收集运输中确保密闭不外漏，不对道路环境产生影响。粪污收运次数根据养殖户的养殖规模和粪污暂存池容积决定，如养鸡场规模在1万只左右，日出粪量约1米³，收运车辆容积多为3.5米³，收运频率约4天1车次。

（三）沼气利用

集中处理中心（图2）生产的沼气通过管道就近输送到紧邻的公司热力车间，处理中心到企业燃气锅炉距离280米，按照天然气价格（根据市场调整）乘以0.678（系数）出售给公司，可满足该公司连续不间断生产。

图2 集中沼气工程（张伟涛 供图）

（四）有机肥还田

沼渣加工为商品有机肥，在施肥季节用于自有京东生态梨园、周边生态苗木、食用菌种植基地和农田；沼液运到京东果园自用。公司购置有施肥车，固体粪肥运到田间施肥；公司建有水肥一体化系统，液体粪肥经与清水按比例稀释后，通过水肥一体化系统灌溉果园。

五、投资概算与资金筹措

粪污集中处理中心项目于2018年3月落地，建有5 000米³厌氧罐4座、有机肥生产车间一座，年处理粪污20万吨，秸秆2.4万吨。年产沼气720万米³，有机肥1万吨，沼液水溶肥10万吨。项目总投资4 000万元，其中企业自筹资金3 000多万元，中央财政补贴资金1 000万元。配套粪污收集体系专业吸污车7辆，人员配备6人。

在畜禽养殖密集区采用"一户一池"方式配套建设畜禽粪污收集井，总投资300余万元，全部由市政府配套。处理中心日常运维由企业自行负责，各养殖户负责收集井的日常维护和管理。双方互不收费，即养殖场粪污免费提供，处理中心负责安排车辆和人员收运，产生效益归处理中心所有。

六、取得成效

（一）经济效益

以3万亩为分析基数，利用沼渣和沼液，亩成本可节约400元，3万亩即可节约1 200万元。2017年梨的平均价格为1.5元/千克，生态梨的价格为4元/千克，差额为2.5元/千克，梨的亩产为3 000千克，每亩增加收入0.75万元，3万亩创造2.25亿元的收入。

（二）社会效益

解决中小养殖户粪污污染问题，打通收运、处理最后一公里，提出了切实可行的处理模式。

（三）生态效益

集中处理中心已在500亩种植基地上通过测土配方、精准配肥改善土壤质量，实现以肥养地，以地养果，土壤有机质从2017年的0.43%提高到1.19%，取得了可喜成果。争取在1～2年内扩展到项目村及周边3万亩生态果园，力争在3～5年时间内，把土壤有机质提高到2%，彻底解决土地有机质含量降低的问题，达到减化肥、减农药、提产品品质及改善生态环境的多赢目的，实现有机废弃物从资源走向价值的循环利用，推动辛集市现代生态大农业的快速健康发展。

推荐单位

河北省畜牧总站
辛集市农业农村局

3 粪污统一收集沼气利用模式（河北省）

华北地区

一、实例概述

依托凯年农业园区专业技术队伍和资金，通过建设沼气工程及粪污处理配套设施、组建畜禽粪污运输车队，对周边养殖场（户）畜禽粪污进行统一收集、集中处理，生产盆栽果树专用有机肥料，产生的沼气作为清洁能源公司生产生活自用，达到畜禽粪污全量化、无害化和资源化利用的目的。既可为农业园区生产高端、绿色、有机农产品提供亟需的专用有机肥料，又解决了畜禽粪污对周边环境的污染问题，改善了区域内人民生活环境质量。

二、实施地点

河北省保定市徐水区遂城镇、大王店镇、正村镇、户木乡4个乡镇。

三、工艺流程

主要采用"固液分离+智能快速好氧发酵技术+厌氧发酵系统"处理工艺，固体粪污经过固液分离后进入有机肥好氧发酵机快速发酵后，作为有机肥生产原料；液体与其他辅料按操作要求调比混合后进入厌氧发酵系统，沼液通过液肥喷洒车或水肥管网施用于园区；沼渣与发酵好的固体粪污生产专用有机肥料（图1）。

四、技术要点

（一）粪污收集

采用"农业园区+养殖场（户）"模式，园区周边养殖场（户）产生的畜禽粪污统一收集处理，园区与养殖场（户）签订畜禽粪污委托处理协议，建立收集台账和粪污收集微信工作群，方便养殖场（户）畜禽粪污积累到一定量后通知

华北地区

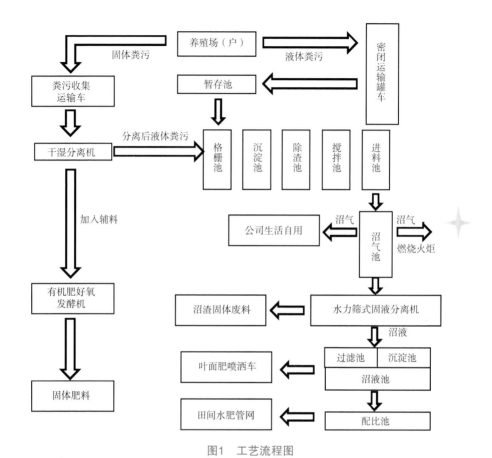

图1　工艺流程图

收集人员及专用运输车辆上门收集粪污。收集对象以规模以下养殖场（户）为主，对畜禽粪污全量收集，包括鸡粪、牛粪、猪粪及羊粪。为避免运输途中出现"跑、冒、滴、漏"现象造成二次污染，所有收集车辆均为密闭式专用车。养殖场（户）与公司之间互不收取费用。

（二）粪污处理

园区建有500米³沼气池1座，有机肥好氧发酵机1台，每天可加工处理液体粪污50米³，固体粪污7～8米³，年处理畜禽粪污2万吨左右（图2）。收集的固体粪污先经过干湿分离处理，固体部分由传送带输送到好氧发酵机进行发酵，液体部分进入预混调节池，按照操作要求加入一定比例辅料，经格栅池去除杂物后泵入沼气池（图3）。沼渣与发酵好的固体粪污根据园区生产需要生产专用有机肥料；沼液用于叶面肥喷洒或送入田间水肥管网为果树盆景施肥；沼气供园区生产生活自用。

华北地区

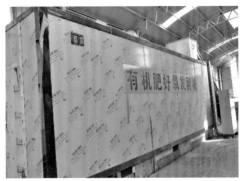

图2　固液粪污处理装置（张伟涛 供图）

图3　粪污固液分离装置（张伟涛 供图）

（三）固体粪污处理

固体粪污采用智能快速好氧发酵工艺，具有工艺简单、发酵迅速，占地面积小的特点，是一种安全、有效、经济的处理方式。将畜禽粪便与辅料、菌种按照一定比例混合，使物料含水率达到55%~60%，含水率55%以下效果最佳。由进料系统送到发酵机顶层发酵层，经传送带、各层网带及摊平翻抛，使物料均匀地分布于发酵床，料层厚度一般在35～65厘米。通过智能控制系统实现控温控氧多级翻抛，根据发酵温度自动控制供氧量，满足发酵过程中氧气需求。发酵过程释放大量热，加快物料分解、腐熟，在45～70℃进一步促进微生物生长代谢，高温杀灭粪便中的有害病原体及寄生虫卵等，同时平衡有益菌存活的温度、湿度和pH值，满足有益菌生存条件，从而实现对粪便的无害化处理，最终生产出富含有机质的初级肥料。通过智能供氧通风加快水分蒸发，使物料含水率下降，当物料的湿度降低到30%以下时即可堆积至车间陈化，处理过的熟料可以直接作为土壤改良肥料使用，也可以按照生产需求与沼渣混合后添加一定比例的微量元素，生产苹果、水蜜桃、樱桃、葡萄等果树盆栽专用肥料。

（四）液体粪污处理

液体粪污采用"厌氧发酵+生物筛分技术"，产生的沼渣制成有机肥，沼气供应生产生活用气，沼液按比例混合后通过双吸泵和压力罐泵入施肥管网输送到田边地头，目前水肥管网覆盖面积1 000亩。利用粪污还田监测仪（图4）为果树盆栽

图4　粪污还田监测仪精准施肥（张伟涛 供图）

按需施肥，精准控制施肥时间、施肥量。施肥主管网沿田边铺设，铺设深度约1米，不影响耕作，浇灌时需要用带有孔隙的可移动末端肥料管进行滴灌（图5）。

图5　水肥管网铺设（张伟涛 供图）

五、投资概算与资金筹措

（一）投资概算

该工程建设总投资869.57万元，其中沼气及配套设施投资290.4万元；粪污收集车辆投资84.7万元；田间水肥管网投资494.47万元。设施运转后每月人工费用1.5万元，电费、车辆加油、设备运转维护费用2.3万元。

（二）资金筹措

所需资金869.57万元，其中申请中央财政资金420万元，企业自筹资金449.57万元。

六、取得成效

（一）经济效益

生产的大量专用有机肥和沼液，每亩地每年可节约芝麻饼、花生饼等150千克，按每千克原料4元计算，每亩每年可减少肥料支出600元左右；实行有机肥水一体化后，每亩地可节省人工成本200元，全年为园区节省人工及物资成本80万元左右。

（二）社会效益

大力发展"养殖—有机肥—绿色农业"为一体的循环经济模式，打通种养业协调发展关键环节，对促进畜牧业与农村生态建设的可持续发展，具有重大意义。

（三）生态效益

1. 改善养殖场周边环境

通过养殖粪污资源化利用，切断病原微生物的传播，有利于人畜身体健康，有利于养殖业安全防范，畜禽场周围的环境卫生得到很大程度的提高，具有很好的环境效益。

2. 改善耕地结构

畜禽粪便中含有丰富的有机质、微量元素及氮、磷、钾，施于农田有助于改良土壤结构，提高土壤有机质含量，提供作物营养，培肥地力，降低农业生产成本，提高产品品质，实现良性循环。

推荐单位

河北省畜牧总站

徐水区农业农村局

粪污集中收集堆肥利用模式（天津市）

一、实例概述

收集一定区域范围内畜禽养殖场粪污，集中至有机肥生产加工处理场，将粪污经槽式好氧发酵处理及二次陈化处理后，深加工生产出高效有机肥，与小站稻种植大户签订协议，将有机肥出售给小站稻种植基地用于小站稻种植。

二、实施地点

天津市宝坻区。

三、工艺流程

区域内规模以下畜禽养殖产生的粪污通过养殖场自行运送或有机肥厂收集的方式，将粪污集中收集到有机肥厂，通过好氧发酵生产有机肥用于小站稻种植利用（图1）。

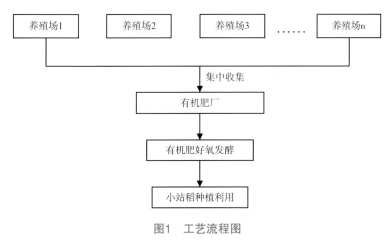

图1 工艺流程图

四、技术要点

（一）粪污收集

对于具有一定畜禽养殖规模的养殖密集区，区域内的畜禽养殖场（户）采取干清粪，由人工自行清理收集本场生产的粪污，有机肥厂周边距离10千米以内的养殖（户）自行运送粪污到有机肥厂，距离10千米以上的养殖场（户）产生的粪污由有机肥厂定期上门用专用车辆统一收集运到有机肥厂（图2），保障整个运输过程密闭良好，不污染环境。

图2　养殖场粪污收运（赵文强 供图）

（二）粪污贮存

畜禽养殖场（户）自行建设的粪便堆放池和污水暂存池，均具有防渗、防雨、防漏等功能，有效容积满足贮存周期（5～7天）的粪污产生量。粪污收集后暂时贮存在本场修建的暂存池，统一收集送到有机肥厂后，贮存在有机肥厂的原料预处理车间。

（三）粪污处理

有机肥厂收集的畜禽粪便通过好氧发酵生产有机肥。畜禽粪便生产有机肥采用槽式好氧发酵（图3），包括原料预处理、一次发酵、陈化和成品生产4个工序。整个发酵周期夏季通常为21天，冬季42天，春、秋季节30天。

图3 一次发酵（赵文强 供图）

图4 翻抛机（唐佩娟 供图）

1. 预处理

原料预处理工序主要包括辅料粉碎、发酵原料装槽及混合等操作。将畜禽粪便和蘑菇菌渣按照2∶1比例混合，原料碳氮比（C/N）宜为（25∶1）～（30∶1），含水率为50%～60%，pH值为6.5～8.5。物料由运输车运至发酵槽铺设，由翻抛机进行匀翻混合。

2.一次发酵

发酵温度55～70℃，发酵温度保持55℃以上保持5～7天，每天翻抛1次，定期监测堆肥温度，保持堆肥温度55℃以上，持续时间不少于5天。温度过高时，开启通风装置或进行翻堆降温。好氧发酵时间在7～14天。

3.陈化

将发酵物料运转至陈化车间，进行后熟发酵，发酵时间14天。后熟发酵至少翻抛1次。

4.筛分、包装计量

经过腐熟稳定后的物料依次进行筛分、配料、混合、检验、计量包装等步骤，生产出成品有机肥。

（四）粪污利用

有机肥作为水稻种植的基底肥，通过撒肥机均匀撒施，然后翻耕入土（图5）。施肥时间为每年水稻种植前的2～4月进行基底肥撒施。作为基肥施入时，每亩地施用固体有机肥约1米^3。

图5　撒肥机（唐佩娟 供图）

五、投资概算与资金筹措

水稻施撒量按1米³/亩计算，1米³粪肥在粪污收集环节费用165元，粪污处理环节100元/吨，施撒环节20元/亩，合计成本285元/亩。有机肥厂总投资860万元，其中设施设备投资230万元，资金筹措来源均为企业自筹。

六、取得成效

（一）经济效益

施用有机肥的水稻田，每亩种子、播种、化肥、水电、人工等成本为850元，作物收入为2 030元，每亩可节约肥料成本为75元，其他支出相同，水稻收入增加140元。与常规施用化肥的水稻田相比，每亩稻田水稻增收和节约化肥施用产生的经济效益为215元。

（二）社会效益

实行粪污集中收集堆肥利用模式，将周边养殖户畜禽粪污进行集中处理后，生产有机肥用于小站稻的种植，推进了区域养殖粪污资源化利用，改善了区域环境，构建了农牧结合、循环发展的新型种养模式。同时，利用畜禽粪便生产有机肥，促进了区域循环农业经济发展，形成产业布局合理、产品绿色生态、资源利用高效、生产全程清洁、环境持续优化的现代农业发展新格局，实现了畜禽养殖者节本增收，种植业者节本增效。

（三）生态效益

实行粪污集中收集堆肥利用模式，有效防止了农业面源污染，优化了农业生态环境，提升了农产品品质和效益，改良了土壤，减少化肥的使用量，减轻了种植业过量施用化肥对环境的污染，促进农业生态循环，净化空气和水源，减少水体富营养化程度，对推动乡村美化、促进产业高质量发展具有积极作用。

推荐单位

天津市农业发展服务中心
天津市宝坻区农业发展服务中心

5 粪污统一收集有机肥模式（山西省）

华北地区

一、实例概述

为解决当地蘑菇渣乱堆乱放带来的环境污染问题，经多方考察、论证后建设了一条年产2万吨的生物有机肥生产线，对周边区域内中小散养户养殖废弃物统一收集、集中存储、集中处理，充分利用当地丰富的蘑菇渣、畜禽粪便为原料，经过高温发酵、制粒生产生物有机肥，每年可处理规模以下养殖场（户）粪便5万余吨，有效解决中小散养户粪污资源化利用难题。

二、实施地点

山西省长治市长子县大堡头镇柳树村。

三、工艺流程

先根据每个散养户存栏量，配套建设一个能容纳3～5天粪污量的"三防"集污池以便粪污暂存。与散养户签订粪污常年消纳协议，因户制宜通过大功率吸污车、三轮车及小铲车定期上门统一收集。然后将收集的畜禽粪便和蘑菇渣等原料粉碎混匀，添加发酵菌剂、尿素等辅料，送入生产发酵车间进行高温发酵翻抛。经快速腐熟、灭菌、除臭、去水、干燥后，制成含水率为30%的活性有机肥。再经破碎、制粒、筛分、烘干、冷却、称量和包装，形成商品有机肥（图1）。

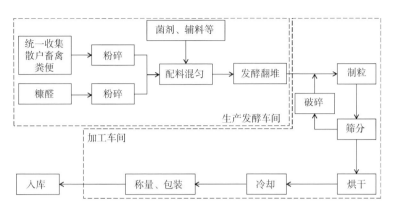

图1 工艺流程图

四、技术要点

该模式畜禽粪便、蘑菇渣等原料均采用全封闭原料库暂存，地面全部硬化并作防渗处理，由于统一收集的猪粪和蘑菇渣的含水量仅为40%，且堆存于全封闭原料库内，无渗滤液产生，不设分隔，限值堆高为1.5米。

（一）收集运输

配备数辆大功率吸污车、三轮车及小铲车（图2、图3），根据每个散养户存栏量配套建设一个能容纳3~5天粪污量的"三防"集污池以便粪污暂存。与散

图2 吸污车（黄晚红 供图）

图3 三轮车（黄晚红 供图）

养户签订粪污常年消纳协议，针对每个散养户的清粪方式、粪污产量、粪污干湿程度等分类，并定期上门收集。

（二）预处理

经养殖场运回的猪粪、鸡粪等含水率为40%，成片状，由人工运至原料粉碎机（图4）粉碎至8～10毫米。蘑菇渣收回来后由人工运至粉碎工序进行粉碎，粉碎粒径为3～6毫米，粉碎完成后在存储库进行堆放贮存。然后将筛选的蘑菇渣、猪粪或鸡粪和发酵菌剂等辅料按照一定比例配比，经皮带输送机送至原料计量搅拌设备（图5）进行混合，混合陈化时间约为0.5小时，料层厚度为30厘米。

图4 原料粉碎机（黄晚红 供图）　　图5 原料计量搅拌设备（黄晚红 供图）

（三）高温发酵

混料完成后送入生产发酵车间进行高温发酵。发酵车间设有30个发酵池，单个容积为150米^3，堆积高度为1.5～1.6米，通过高压风机强制通风提供氧气，每天翻抛2次，发酵温度控制在50～60℃，发酵周期30天。

（四）加工处理

发酵后的物料经圆盘制粒机（图6）、回转式筛分机、天然气热风炉烘干（图7）、逆流冷却器、自动打包秤后制成商品有机肥。

图6 圆盘制粒机（黄晚红 供图）

图7 天然气热风炉烘干设备（黄晚红 供图）

五、投资概算和资金筹措

本有机肥生产线，于2015年投资兴建，总投资500余万元，其中设备投资320万元，配备吸污车、粉碎机、预混机、翻抛机、造粒机等设备；土建投资80万元，主要建设原料库、生产车间、成品库等设施；流动资金等其他费用100万元。所需资金全部为企业自筹。

六、取得成效

（一）经济效益

公司生产的系列有机肥销往河南、山东、海南及山西省各地，获得山东寿光大棚基地、海南三亚农丰香蕉园等用户的一致认可和信赖。公司与周边中小散养户签订长期粪污消纳协议，常年稳定上门收购畜禽粪污（猪粪夏天70～80元/米³，冬天300元/米³）。按照有机肥行业的平均价格和平均利润计算，每吨有机肥成本800元左右［原料成本（猪粪×70%+糠醛渣×25%+辅料×5%）+人工成本+固定资产折旧+其他费用］，有机肥出厂价平均为900元/吨算，每年生产有机肥2万吨，可实现销售收入1 800万元，年利润达200万元，经济效益显著。

（二）社会效益

一是有利于改良长子县及周边地区土壤，提高土壤肥力和养分资源利用率；二是充分利用长子县丰富的畜禽养殖废弃物资源，有效改善了长子县农村人居环境；三是有效降低农民的生产成本，提高作物产量，增加农民收入。

（三）生态效益

有机肥中含有大量有机质和植物活性成分，能够有效改良和提高土壤的生物、物理和化学性能，并且提高肥料的利用率，增强农作物的抗病力。同时，减少化肥、农药的施用量，有利于改善由于肥料施用过度而造成的作物品质下降、地下水污染、水体富营养化、农业环境承载力下降等问题，对保护环境以及农业可持续发展具有积极作用。

推荐单位

山西省畜牧技术推广服务中心
山西省长治市农业技术推广中心

6　粪污集中收集堆肥处理模式（吉林省）

一、实例概述

养殖场自行修建畜禽粪污储运池，第三方有机肥生产企业对周边散养殖户养殖废弃物统一收集、贮存和转运，然后将畜禽粪便与秸秆混合，经槽式好氧发酵处理或者红膜沼气厌氧发酵后，制备为固体有机肥和液体有机肥，形成了"村收集、镇管理、区转运"的运行方式，有效解决了小中散养户粪污收储运难题。

二、实施地点

长春市绿园区畜禽养殖密集区。

三、工艺流程

绿园区政府出资修建畜禽粪污储运池，规模以下养殖户将畜禽粪污运送至储运池暂存，以解决散养密集区内养殖户随意倾倒粪污的问题。第三方粪污处理中心及时将储运池粪污进行清理转运，并运送至有机肥厂通过红膜沼气池或好氧堆肥发酵设备生产有机肥，用于还田利用。具体工艺流程图如图1所示。

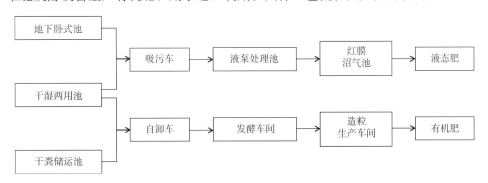

图1　工艺流程图

四、技术要点

包括收集、贮存、转运、处理及利用各环节的技术要点。

（一）畜禽粪污的收集

政府依据中小养殖户、散养户分布情况，在养殖密集区村屯建设粪污储运池，用于中小养殖户、散养户养殖粪污的暂时存储。储运池分为干粪储运池、干湿两用池和地下卧式池三种。养殖密集村屯向散养户进行宣传引导，鼓励养殖户将畜禽粪便运送至粪污储运池（图2）。

图2　畜禽粪污储运池（长春市绿园区农业农村局 供图）

（二）畜禽粪污的贮存

中小养殖户、散养户将粪污运送至储运池进行暂时存储。储运池的日常管理如卫生、消毒、维修等由第三方处理中心负责，村委会负责周边环境卫生及向村民宣传不允许倾倒生活垃圾、建筑垃圾等。

（三）畜禽粪污的转运

粪污处理中心根据储运池中粪污量安排专人专车，定期进行粪污的清理转运工作（图3），在运输的过程中进行消毒、除臭处理。政府、企业的权利通过协议明确，确保粪污得到及时清运处理。

图3　畜禽粪污的转运（长春市绿园区农业农村局　供图）

（四）处理和利用

　　固体粪污转运至厂区放到发酵槽中加入适量的秸秆粉、氮元素，调整好湿度和碳氮比例，湿度达到50%～55%，进行发酵处理，当发酵温度达到70℃以上时进行翻抛，20余天转运至陈化车间，粉碎、筛分、化验、罐装成有机肥（图4）。加入一定量菌剂成为生物有机肥。液体运到厂区贮存池中进行干湿分离，分离出的固体转运至槽式发酵设施进行好氧发酵，液体进入红膜沼气池进行厌氧发酵，产生沼气和沼液，沼气燃烧用于造粒，沼液再经好氧发酵加入微量元素，过滤、化验、灌装成液体有机肥。

图4　槽式好氧发酵设施（长春市绿园区农业农村局　供图）

五、投资概算与资金筹措

绿园区投资420万元，由各乡镇、街道严格按照《中华人民共和国水污染防治法》等法律法规要求，科学选址、合理布局，在3镇2街15个村屯，修建了31个符合"三防"要求的畜禽粪污贮存池，达到了一次性容纳固体粪便7 400米^3、液态粪污1 100米^{3}的贮存能力。绿园区财政每年预算列支316万元运输处理费，确保收储运体系稳定运行。

六、取得成效

（一）经济效益

畜禽粪污经过粪污处理中心处理转化，生成有机肥产品，年生产有机肥3万多吨，通过积极推动，将有机肥销往省内多地，用于高标准农田和蔬菜大棚种植，实现年销售收入240万元以上。

（二）社会效益

通过大力推进粪污处理设施升级改造和配套设施建设，构建了散养密集区粪污收储运体系，全力实施"村收集、镇管理、区转运"的运营模式，绿园区畜禽粪污综合利用率达到97.76%，实现了村屯道路干净整洁、周边沟渠河塘水体清澈，美丽宜居乡村建设取得可喜进展。

（三）生态效益

通过畜禽粪污收储运体系的建立，基本解决了绿园区散养密集区内养殖户随意倾倒粪污问题，以及养殖密集区畜禽粪污污染环境问题，提升了村庄清洁行动的粪污治理能力。

推荐单位

吉林省畜牧总站
吉林省长春市绿园区农业农村局

7 分子膜覆盖静态好氧堆肥模式（大连市）

东北地区

一、实例概述

统一收集新鲜鸡粪，与秸秆、发酵菌种按比例混合并搅拌均匀，覆盖分子膜进行条垛式堆肥处理与利用。该模式具有操作简单与运行方便的特点，分子膜覆盖后可形成相对封闭的堆肥发酵状态，便于发酵条件控制。分子膜覆盖模式能蒸发水分、截留养分，有助于提高有机肥质量。

二、实施地点

大连市庄河市吴炉镇。

三、工艺流程

采用传送带收集鸡舍内的新鲜粪便，做到日产日清，再通过粪便运输专用车转运至集中处理中心进行处理。处理中心把每天收集到的新鲜粪便，通过预处理混合设备，与秸秆、发酵菌种按比例混合并搅拌均匀，然后按照整进整出方式，用铲车把混合好的物料运送到发酵槽内进行分子膜覆盖静态好氧堆肥。具体工艺流程如图1所示。

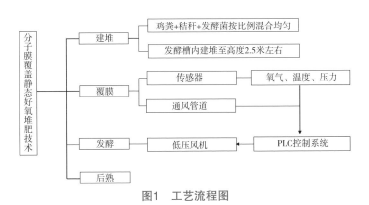

图1 工艺流程图

83

四、技术要点

（一）混料覆膜

将鸡粪、秸秆、腐熟菌种按重量比1 000∶180∶1的比例进行混合搅拌（腐熟菌种接种1次，以后采用回料接种方法进行），每次用铲车把混合好的物料运送到发酵槽内堆置成高约2.5米的堆体，再在堆体表面覆盖一层分子膜并固定（图2）。

图2　分子膜覆盖建堆状态（谭立文　供图）

（二）温氧控制

多点布置传感器对温度、氧气浓度和压力等参数进行实时监控，根据堆体中的温度和压强变化调节风机的送风量（图3）。一般情况下，发酵物料需先经过30天静态高温腐熟发酵后用铲车翻堆一次（图4），继续静态高温腐熟15天左右，再翻堆一次，再经过15天即可稳定腐熟，形成高品质有机肥（图5），整个堆肥周期大约60天，其间铲车翻堆2次。也可以根据肥料要求采用6~8周堆肥发酵周期，期间翻堆1~2次。

图3　堆肥控制系统（谭立文　供图）

东北地区

图4　分子膜覆盖静态发酵（谭立文　供图）

图5　高品质有机肥（谭立文　供图）

（三）温度控制

本系统采用低压通风发酵模式，平均每吨物料处理电耗约5千瓦·时。由于膜覆盖方式能够提供相对封闭的空间，膜、传感器和控制系统应与风机选型相匹配，满足调节发酵温度和压强控制的要求。发酵过程中，堆体温度一般在65～80℃，对物料无害化处理和加速高温腐熟具有较好的作用。

（四）分子膜

分子膜为多层膨胀聚四氟乙烯膜，膜上均匀分布0.1~1微米孔径的微孔，优选为0.4~0.6微米。膜上微孔是灰尘、气溶胶和微生物的有效物理屏障，阻止它们向外扩散。在处理过程中，膜的内表面会生成一层冷凝水膜。发酵过程中产生的大多数臭气物质，如氨气、硫化氢、挥发性有机物（VOC）等，都会溶解于水膜中，之后又随水滴回落到堆体上，继续被微生物分解。覆盖膜能将臭气浓度降低90%~97%，使外排气中的粉尘减少90%以上，减少畜禽粪便在资源化利用过程中造成二次污染，同时也减少了发酵过程中畜禽粪污中养分的损失。

（五）智能控制系统

PLC（可编程逻辑控制器）控制系统通过互联网实现远程监测和遥控，通风管内设置传感器测试管内压力。通风管通常由聚氯乙烯（PVC）材料制成，通风管直径130毫米，每条通风管内设置程控开关，由PLC控制系统根据测定氧气含量、发酵温度和空间压力的传感器参数控制程控开关的开和闭，以及供风装置的启停。

五、投资概算与资金筹措

以年产3 000吨有机肥厂为例，投资总额200万元，每吨物料处理成本200元，销售费用150元，管理费用50元，有机肥销售价格600元，可实现每吨有机肥净利润200元，年利润60万元。

六、取得成效

（一）粪污处理模式更加优化

与自然堆肥方法相比，该模式具有处理时间短、质量好、不易形成二次大气污染等优点；与高温好氧发酵反应器模式相比，具有投资少、运行成本低等优点，非常适用于北方寒冷地区畜禽养殖固体废弃物的无害化处理，为大连市畜禽粪污资源化利用可持续发展提供新的技术模式。

（二）实现农业面源污染的治理

在加工处理过程中，把畜禽粪便和农作物秸秆有机结合起来，经高温发酵转化为有机肥。有效地降低了养殖企业畜禽粪便污染和广大农户秸秆焚烧造成的大气污染，推进了美丽乡村建设。

（三）促进种、养业有机结合

该模式推广应用有效衔接起畜禽养殖—有机肥（农用肥）加工—特色高效种植产品为一体的农业循环型经济产业体系，促进了种养结合，提高有机肥利用率，降低化肥使用比例，提升农产品质量。

（四）带动相关产业发展

案例实施促进了新型畜禽粪污处理及有机肥生产基地等经营主体建设，助推了区域畜禽粪污处理中心等社会化服务组织的发展，探索了互利共赢、多方可持续发展产业体系，为农民提供了更多的就业机会，推动了乡村振兴和农民增收。

（五）推动畜牧业转型升级

案例实施过程中大力推广肉鸡自动化笼养技术，实现了机械化、自动化和智能化，大幅度提高生产水平，显著提高养殖经济效益。全市肉鸡饲养量3亿余只，自动化笼养率达到60%以上。

推荐单位

大连市畜牧总站
庄河市农业发展服务中心

8   粪便智能化有机肥生产模式（辽宁省）

一、实例概述

由第三方社会化服务组织应用智能化成套设备和特定菌剂对所收集的畜禽粪便进行有机肥生产并还田利用（出售），实现资源转化，助推农村生态环境改善、农产品品质提升和农民增收。

二、实施地点

辽宁省喀左县坤都营子乡坤都营子村。

三、工艺流程

畜禽粪便被运送到有机肥厂后，有机肥厂应用智能化成套设备（图1）进行有机肥生产，将符合相关标准和要求的肥料出售或还田利用。其中有机肥生产环节主要是以畜禽粪便、秸秆等可腐解的固体废弃物为原料，通过2套工艺（无害化处理、资源化处理）、6道工序（物料预处理、固液无害处理、废气粉尘回

图1　智能化成套设备（张弛 供图）

收、智能配方调配、肥料营养化、产品检验）的处理，使畜禽粪便中的复杂有机物在特定生物菌剂参与的高温分解和生化过程中得以降解，多种营养成分矿质化，最终形成无臭、无害、高效、生态、安全的新型肥料（图2）。

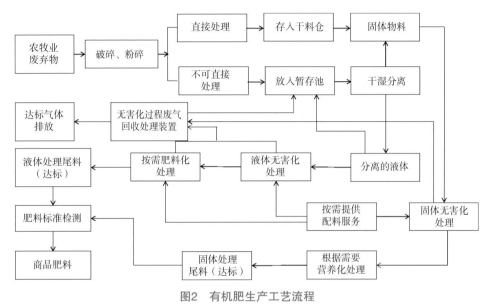

图2 有机肥生产工艺流程

四、技术要点

（一）畜禽粪便的收集和转运

1. 做好防疫

有机肥厂运输车辆到养殖场（户）收集畜禽粪便，或养殖场（户）将畜禽粪便运到有机肥厂时，要注意做好防疫，避免疫病传播。

2. 合理设定收集半径

根据收集能力和生产成本，合理设定有机肥厂的畜禽粪便收集半径，以保障长效运营。

3. 避免撒漏

畜禽粪便运输过程中，应采取有效措施防止跑、冒、滴、漏，避免造成环境污染。

（二）肥料的生产及使用

1. 智能化成套设备

主要由中控装置、发酵罐、辅料机、烘干装置和包装装置组成。该设备将人工智能与设备控制有机结合，管理人员可对设备进行远程数据监控、远程维护、远程配方更新等，且操作简便，普通工人经简单培训即可上岗。

2. 肥料的生产

（1）畜禽粪便的发酵。在此过程中以建立适宜微生物生长繁殖所需的环境为原则，注意如下技术要点。

①发酵物料的预处理。加入秸秆等辅料，并将物料充分混匀，调节碳氮比（C/N）至25∶1左右、水分含量至40%左右、pH值至6~7。

②发酵过程。一是接种特定菌剂，根据不同的产品需求，添加不同的菌剂。二是变温发酵，根据菌剂、发酵底物和产品需求的不同，发酵前选择相应的程序，发酵过程中由中控装置自动调控不同的发酵温度。

（2）生产肥料。与畜禽粪便发酵同时进行，根据不同作物、生长时期以及不同土壤环境等需求，在发酵过程中加入不同的成分调配生产有机肥、生物有机肥、有机—无机复合肥等专业配方肥。

3. 肥料的使用

肥料还田应控制总量及施用次数，严禁超出土地承载能力。

五、投资概算与资金筹措

（一）投资概算

根据已有设计参数，一个年产1 000吨的有机肥料厂的建设及运行资金约需360万元。其中厂房等基建投资50万元，生产设备投资110万元（设备购置费98万元，设备安装费9万元，设备运杂费3万元），流动资金200万元（包括人工、运转维护等费用）。

（二）资金筹措

地方财政补助资金160万元，企业自筹200万。

六、取得成效

（一）经济效益

该模式2021年8月投产，年可生产有机肥1 000吨，销售收入60万元，利润约20万元。有机肥的生产成本约为400元/吨（包括原料、人工、管理费用、机械折旧等），平均售价约600元/吨。

（二）社会效益

该模式应用过程中，与精准扶贫、精准脱贫工作深度结合，按照"龙头企业+贫困户"的发展思路，实行"订单农业、入股分红、吸纳就业"的产业帮扶模式，与贫困户建立利益联结体，有效助推农民脱贫增收；有机肥的施用，有利于减少农药、化肥的使用，进一步推动了农产品质量安全的提升。

（三）生态效益

该模式的应用使畜禽粪便等农业废弃物实现了高效生物转化，避免了粪污直接排放，保护了河流、地表水系，减少了养殖场（户）对周围环境和地下水的污染，有效保护了乡村生态环境；该模式生产的有机肥可改良土壤，培肥地力，促进作物稳产增产，提高农产品质量，有效促进了生态循环农业的发展。

推荐单位

辽宁省农业发展服务中心
辽宁省喀左县畜牧技术推广站

粪污秸秆微生物轻简化堆肥还田模式（黑龙江省）

东北地区

一、实例概述

充分利用当地废弃的作物秸秆和猪场粪污，添加适量比例的低温固氮菌剂和秸秆腐熟剂，调节原料碳氮比，建堆发酵。经过100～120天制成优质有机肥，检测后还田利用。该模式在我国北方-42℃的寒冷条件下也能正常运行，具有简单易行、投入费用低、田间地头均可操作的优点。该模式可实现就近就地还田利用，施用后可减少20%化肥用量，降低30%农药用量。

二、实施地点

黑龙江省汤原县、黑龙江省肇东市黎明乡托公村、黑龙江省甘南县兴隆乡双龙村。

三、工艺流程

秸秆收集后添加低温固氮菌剂、秸秆腐熟剂和畜禽粪污，调节水分和碳氮比，混合发酵造肥。发酵80天时，发酵过程中原料内温度会升高到50～70℃，该过程大量水分散失，需要及时补充水分。可以采用养殖污水代替清水，确保发酵料水分大于50%，发酵60～80天时翻抛一次，再继续发酵40天左右，总计发酵100～120天制作有机肥，采样检测符合还田要求后，即可抛撒还田（图1）。

四、技术要点

（一）收集

粪便收集过程中注意不要泄漏，以免病原体污染传播。

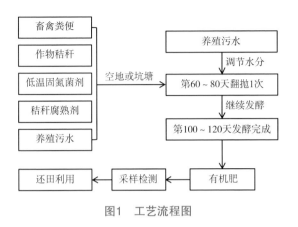

图1 工艺流程图

（二）贮存

粪尿贮存过程中要做到"三防"要求，即防雨、防渗和防溢流。

（三）发酵

建堆发酵时，发酵堆一般应高4～5米，类似农村的柴草垛，堆不能太低、太小，否则影响发酵效果。发酵物中要添加固氮除臭微生物发酵剂，并调节混合物的水分到60%～75%和碳氮比（20～38）：1。有条件的，腐熟后的粪肥要检测，符合还田要求后，根据营养成分和用途合理利用（图2、图3）。

图2 建堆发酵（何鑫淼 供图）

图3 菌剂喷洒（何鑫淼 供图）

五、投资概算与资金筹措

以村或专业合作社为单位统一收集秸秆、中小养殖场（户）畜禽粪污等农牧废弃物，集中处理还田。无需额外投资，只要有少量的设备租赁费、人工费等成本费用即可。按照生产100吨有机肥计算，需要秸秆收集搂耙、秸秆打包机或打捆机，秸秆运输车、粪污运输车、水车、钩机、铲车、喷雾器、拖拉机、有机肥抛撒车等租赁费7 000元；人工费2 000元；运转维护费用4 000元；检测费用1 000元，合计14 000元，即造肥成本140元/吨。

六、取得成效

（一）经济效益

该模式下制造的有机肥，品质优良，可有效提高施种土壤肥力，市场销售价格500元/吨以上，每吨利润360元。经济效益明显，市场前景良好。

（二）社会效益

以作物秸秆作为原料，转化成有用土杂肥，从农村面源污染的新源头解决秸秆焚烧问题，减少空气污染，保护环境。有机肥施用改善土壤的团粒结构，提高了土壤保水保墒情和抗旱抗涝能力，减少了地表土流失，提高了植物抗旱抗倒伏能力，提高了粮食产量和质量。有利于提高土地利用率与劳动生产率，促进农民增收，实现社会稳定发展。

（三）生态效益

生物质肥有机质含量高，利用率可达66.7%，是化肥利用率的3倍。减少了化肥和农药的使用量，降低了污染，保障了食品和公共卫生安全。秸秆肥的还田，增加了土壤天然有益微生物及其产生的酶类的丰度。并使土壤团粒化，提高了土壤降解农药、除草剂、重金属和抗生素等有害物质的能力。该模式下规避了原位深翻、深松等还田方式导致病虫害多发和暴发的风险，对农业的可持续发展意义重大。

推荐单位

黑龙江省畜牧总站
黑龙江省农业科学院畜牧研究所

猪粪贮存发酵全量还田利用模式（新疆生产建设兵团）

一、实例概述

该技术模式为水泡粪固液分离+固体堆肥+液体贮存发酵+农田利用。对猪场粪污进行全量收集后固液分离，固体部分通过条跺式好氧堆肥发酵，生产固体有机肥，并作为基肥在果园沟施；液体部分通过氧化塘处理，定期加入发酵菌种，对粪水进行净化，存放6个月后随水进行冬灌和春灌。该模式以"零排放、高产出、自循环、无污染"为宗旨，提高了种养效益，推动了林果业提质增效。

二、实施地点

新疆生产建设兵团第一师3团7连（图1）。

图1 示范基地大门（刘福元 供图）

三、工艺流程

通过建设生猪育肥场和与其配套的林果业，将养殖场粪污通过粪污收集系统全量收集到收集池，通过固液分离系统，固相通过好氧堆肥发酵制作固体有机

西北地区

肥，作为基肥每年入冬前通过机械沟施用于果园（图2）。

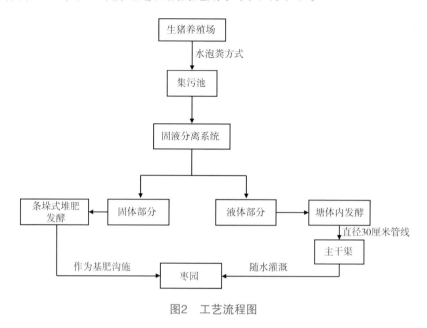

图2　工艺流程图

四、技术要点

（一）收集与贮存

猪舍的光照、温度、水线、湿度、风速等环境因子采用智能化控制，建立了卷帘、风机、水帘等自动控制系统，猪舍内的温度常年稳定在28～30℃，相对湿度稳定在60%～75%，且猪舍采用水泡粪工艺进行清粪，与过去的水冲粪相比，污水产生量从40升/（天·头）降低到了22升/（天·头），用水量节省了近一半。

猪场改振动筛为卧式螺旋沉降离心机（图3）。使用振动筛经过固液分离后，

图3　固液分离（刘福元　供图）

固相含水率达到75%～85%，改用卧式螺旋沉降离心机经过固液分离后固相含水率达到了65%～68%，含水率平均降低了15%，不需要再添加秸秆等干物质调整含水率，直接可以进行好氧堆肥发酵，生产固体有机肥。

（二）处理

养殖粪污通过固液分离系统，液体部分进入氧化塘（图4），结合新疆南疆地区干旱、光热充足的气候特点，氧化塘底部和上层覆膜进行发酵。并在发酵菌种的作用下，经过半年厌氧发酵熟化，确保了粪水中营养物质的存留率，在果园春灌和冬灌时，随水灌溉。

养殖场建在靠近干渠的上游，在春、冬两季还田时，通过直径30厘米管线将氧化塘中的粪污输送到主干渠中随

图4　氧化塘（刘福元 供图）

水灌溉，在入冬之前，堆肥发酵后的产物通过开沟机沟施用于枣园。氧化塘靠近果园，缩短了运距，降低了运行成本，化解了粪水肥效低与运输成本高之间的矛盾。

五、投资概算与资金筹措

猪场圈舍200米³投资58.0万元，猪场粪污处理工艺总投资12.0万元，其中固液分离系统投资3.0万元，黑膜氧化塘建设投资6.0万元，堆肥发酵场投资1.0万元，翻抛机投资1.0万元，灌溉系统投资1.0万元。资金筹措方式为自筹。

六、取得成效

（一）经济效益

育肥场每年出栏育肥猪成活率按照95%估算，每年出栏育肥猪475头，平均获利160元/头，收入为7.6万元，养殖成本每年3.63万元，每年养殖净收入3.97万元。通过施用有机肥，每亩枣园可以节省化肥费用300元以上，150亩骏枣枣园每

西北地区

年可以节省化肥费用4.5万元。使用有机肥使骏枣品质提高，每千克骏枣增值1元以上，亩产按照400千克估算，150亩骏枣果园，每年可以增收6万元。上述3项合计收益14.47万元，每年粪污处理及利用成本3.13万元，每年增收11.34万元。

（二）社会效益

（1）特色林果业是新疆南疆地区的优势产业和支柱产业，但近年来果品质量逐年下降。通过果畜一体化粪污资源化利用技术模式的建立，有力地促进了畜禽粪污肥料化的应用，解决了规模化养殖场粪污消纳的难题。

（2）我国无公害果园生产技术规程要求果园土壤有机质含量在1.5%以上，最好达到5%～8%，而南疆地区目前土壤有机质平均不到1%，许多地块只有0.24%～0.6%。通过使用有机肥，可以有效改良土壤结构，提高有机质含量，遏制因过度使用化肥造成的土壤板结和盐碱化，有力保护南疆生态脆弱区的土壤环境。

（三）生态效益

（1）通过果畜一体化粪污资源化利用模式，使养殖场的粪污全量收集、低成本处理、就近就地利用，实现了养殖场废弃物的零排放，减少了疫病传播发生，有效解决畜牧养殖的环境污染，保护了养殖场及周边环境，提升了养殖产品的质量。

（2）通过养殖粪污肥料化利用，减少了化肥及农药的用量。并提升了地力条件，提高了农产品质量，从而构建了农牧绿色循环可持续发展新模式。

推荐单位

新疆生产建设兵团畜牧兽医工作总站
新疆生产建设兵团第一师3团农业发展服务中心

奶牛粪污贮存发酵还田利用模式（新疆生产建设兵团）

一、实例概述

该模式通过固液分离、堆肥及氧化塘工艺，生产有机肥，在养殖场与草料基地之间实现了种养结合与循环利用。

二、实施地点

新疆塔城地区沙湾县。

三、工艺流程

该模式以粪污处理循环为中心，粪污通过固液分离系统，液相通过氧化塘"厌氧—好氧"熟化，固体进行条垛式好氧堆肥发酵，所生产的有机肥被养殖场配套的饲草料基地全量利用。液体先在厌氧塘中暂存，通过吸污车运到草料基地氧化塘中，存储6个月以上，随水灌溉（图1）。

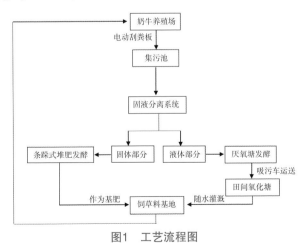

图1　工艺流程图

四、技术要点

（一）收集与贮存

通过对原牛场圈舍（图2）进行改造，变机械式清粪为电动刮粪板清粪，并使后续牛床垫料系统以及固液分离系统，通过集粪沟和入集粪池连接起来。降低了系统运行能耗和人力成本，减少了奶牛的应激，使圈舍内的环境卫生质量得到了显著提升。

图2　牛舍（刘福元 供图）

（二）处理

养殖粪污，进行固液分离之后，固相耗氧堆肥发酵生产固体有机肥，用于草料基地，基地的青贮玉米干物质和淀粉达到了"双30"，产量提升了15.5%，减少了化肥的用量，提高了饲草质量。

发酵塘采用高密度聚乙烯膜（HDPE），也叫土工膜或者黑膜，与传统的混凝土结构相比较具有施工简便、速度快、成本低的优点。固液分离后的液相首先在牛场厌氧塘中暂存，通过吸污车运到草料基地氧化塘中（图3），暂存半年，"厌氧-好氧"熟化后，随水灌溉。

图3 氧化塘（刘福元 供图）

西北地区

五、投资概算与资金筹措

（一）投资成本

项目粪污处理设施工艺设备总投资22.5万元，其中土建（集污池、暂存池、回冲池及粪污处理车间钢结构及圈舍地面硬化）投资5.1万元，牛舍电动刮粪板投资2.8万元，厌氧发酵塘底膜、覆盖膜投资1.6万元，灌溉系统投资0.5万元，吸污车投资12万元，翻抛机0.5万元。

（二）运行成本

牛床垫料再生系统以及粪污收集处理及利用系统的成本，详见表1。

表1 运行成本

名称		成本（万元）	备注
粪污收集处理及利用	土建折旧	0.51	使用寿命10年
	设备折旧	1.6	使用寿命10年
	燃油费	0.4	
	人工费	0.4	
	小计	2.91	

六、取得成效

（一）经济效益

通过持续2年的粪肥还田，种植的全株玉米青贮在干物质和淀粉均达到30%的基础上，产量提升了15.5%，为饲草料基地的承包户增加收益280元/亩，按照玉米青贮基地种植面积170亩计算，每年增加收益4.76万元。

（二）社会效益

该模式实现养殖场污水有效治理，降低了污水处理成本，提高了养殖效益。同时缓解了畜牧养殖的环境污染问题，保护了当地空气、水环境质量，减少疫病传播发生，实现了农业生产的良性循环和农业废弃物的多层次利用。

（三）生态效益

通过种养结合和零排放，减少了疫病传播发生，有效缓解了畜牧养殖的环境污染。同时种养结合以有机肥替代部分化肥，减少了化肥及农药的用量，降低了种植成本，改善耕地质量，提高了农产品质量，构建了农牧绿色循环可持续发展新模式。

推荐单位

新疆生产建设兵团畜牧兽医工作总站

西北地区

12 粪污覆膜厌氧发酵还田利用模式（新疆维吾尔自治区）

一、实例概述

该养牛户通过在自家圈舍外建堆粪池，定期清理圈舍，在牛粪堆上覆膜，利用牛粪在堆积过程中自然发生的厌氧发酵，将全年育肥过程中产生的大约650吨牛粪发酵成腐熟有机肥。腐熟有机肥全部用于自家和周边农户的200亩葡萄地。

二、实施地点

吐鲁番市鄯善县连木沁镇艾斯力汉墩村。

三、工艺流程

牛粪每日都清运到堆粪池进行堆积，通过覆膜发酵，腐熟有机肥用于种植葡萄，生产有机葡萄（图1）。养殖户以人工清粪为主，每日利用铲车、电动车等工具进行牛粪清理收集（图2）。养殖户在牛粪池中新鲜牛粪堆积长度超过10米后，将牛圈舍内打扫出的部分干草等杂物与秸秆一起，掺入牛粪堆以降低新鲜

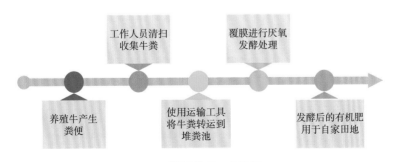

图1 粪污处理工艺流程

牛粪的含水率，当含水率低于75%时，对新鲜的堆粪覆膜，让牛粪进行5个月的厌氧发酵。每年3月将腐熟好的牛粪拉到葡萄地，在葡萄地中间开挖40厘米×40厘米的沟，将腐熟好的牛粪埋进沟里，为葡萄地施加有机肥。

图2　养殖户清理收集牛粪（曹少奇 供图）

四、技术要点

（一）收集与贮存

养殖户在牛舍外利用圈舍外墙，在圈舍外建设长40米，宽5米，高1.5米的堆粪池（图3）。由于养殖户每天将牛粪和牛尿混合在一起清理，因此牛粪的含水率较高，大于85%，这种含水率不利于牛粪发酵。为降低牛粪含水率，可采取两项措施：一是养殖户将每日清理出的粪尿先堆于运动场一周左右。由于吐鲁番全年平均温度是11～23℃，年蒸发量高达3 000毫米。经过一周的堆积，牛粪含水率下降到75%左右；二是掺入干秸秆。在新鲜粪堆里掺入5%的干秸秆，牛粪秸秆混合物的含水率可降到70%左右。

图3　堆粪池（曹少奇 供图）

（二）处理

经过以上收集措施，再用铲车将粪堆推到堆粪池进行覆膜厌氧堆肥发酵（图4）。经5个月以上的发酵，腐熟后的有机肥全部拉到周边种植户的葡萄地，按照3米³/亩的有机肥用量，以底肥形式用于种植有机葡萄，增加葡萄地土壤肥力。

图4　对牛粪进行覆膜（曹少奇 供图）

五、投资概算与资金筹措

建设堆粪池投资5万元，覆盖的薄膜0.1万元，一共5.1万元，全部自筹。

六、取得成效

（一）经济效益

每年生产600米³左右的有机肥，按照当地60元/米³有机肥的价格，每年直接收益3.6万元。

（二）生态效益

牛粪污经堆肥发酵转变为有机肥，不仅增加了自家50亩葡萄地土壤肥力，还能供给周边葡萄种植户种植150亩有机葡萄的有机肥，降低了化肥使用量，减少了环境污染，提高了绿色有机农产品的质量。

推荐单位

新疆维吾尔自治区畜牧总站
吐鲁番市畜牧工作站

家庭农场贮存发酵全量还田利用模式（甘肃省）

一、实例概述

将场内畜禽养殖产生的粪污首先进行固液分离，再分别进行发酵处理，发酵产物作为种植业的有机肥来源，同时种植业生产的作物又能给畜禽养殖提供食源，最终实现种养循环的农业绿色发展。

二、实施地点

甘肃玉门市清泉乡跃进村。

三、工艺流程

（一）流程介绍

生猪养殖过程中产生的粪便由水冲工艺经管网输送至沉淀池进行沉淀和固液分离，固体粪便经堆肥发酵腐熟后还田利用，液体部分则进入田间贮存池，再次沉淀和自然发酵后用于农田灌溉，农田种植的玉米等作物成熟后可作为畜禽饲料，降低养殖成本，实现种养循环（图1）。

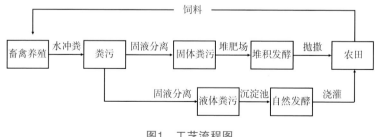

图1　工艺流程图

西北地区

（二）运行机制

农场生猪年出栏量450头，分四个圈舍饲养，猪舍内铺设漏缝地板，猪粪经水冲粪工艺进入猪圈下方的集粪沟，再经过管网进入200米³的沉淀池，上层清液进入田间贮存池，进行二次发酵，下层固体转运至场内堆肥厂进行覆膜发酵，夏天发酵20天，冬季发酵45天。发酵液与堆肥产物用于农场内105亩玉米、苜蓿和小麦作物的种植，苜蓿和其他作物秸秆可作为畜禽饲料。

农场坚持养殖粪便"减量化、无害化、资源化"的原则，以综合利用为出发点，不断提高资源化利用率，充分结合农田土地消纳能力和区域环境容量要求，构建"养殖-粪肥-种植-生态农业"为一体的循环经济模式，形成生猪生产、环境保护、资源再利用的良性循环。

四、技术要点

（一）收集

猪舍除走道外全部铺设漏缝地板，下面建集粪沟，采用水冲粪工艺处理粪便，粪尿经漏粪地板（图2）至集粪沟，粪尿混合收集。通过改造地下管网实现雨污分流，避免雨水与粪污混合而增加粪污量，实现粪水源头减量。采用水冲粪工艺，有效控制用水量，减少粪污产生总量。

图2　漏缝地板（张秀萍　供图）

（二）贮存

集粪沟中的粪污由管网输送至沉淀池进行沉淀和固液分离，然后再对固体、液体分别处理，可较大程度降低处理难度，提高处理效率。沉淀池为水泥地，防雨、防渗，上方密封，在沉淀池一角留有粪口，用于排出底泥。

（三）处理

固液分离后的固体粪污，采取堆积发酵的方式进行处理，将粪污堆积到堆肥场，在上面覆盖一层塑料布，一般情况下冬季经过45天左右、夏季经过20天左右便可自然发酵腐熟。液体部分则进入田间贮存池（图3）再次沉淀和自然发酵。堆粪场（图4）通风良好，地面做硬化处理，以防渗漏，加盖顶棚防雨水，四周设1米高围墙，留出口。

图3　田间贮存池（张秀萍 供图）　　　图4　堆粪场（张秀萍 供图）

（四）利用

固体粪污发酵腐熟之后便可以作为有机肥，通过固粪抛撒的形式还至农田，粮食作物、蔬菜、果树以及牧草等均可施用。液体粪污在田间贮存池经过5~10天的沉淀与发酵，根据农事季节作为基肥全量还田利用。

五、投资概算与资金筹措

要建设内容为新建堆肥场160米^2、田间贮存池160米^3、沉淀池200米^3，架设粪污输送管网110米。该项目总投资28.1万元，其中，财政补助资金20万元，建设单位自筹资金8.1万元。具体投资概算为新建堆肥场160米^2，投资9万元，其中，财政补助资金5万元，建设单位自筹资金4万元；新建田间贮存池160米^3，投资8万元，其中，财政补助资金5万元，建设单位自筹资金3万元；新建沉淀池200米^3，投资10万元，全部为财政补助资金；架设粪污输送管网110米，投资1.1万元，全部为自筹资金。

六、取得成效

（一）经济效益

农场采用种养结合模式，通过粪肥还田，减少化肥施用量，节省种植成本，农田种植的玉米等作物成熟后又可作为畜禽饲料，以节省养殖成本。预计每年可产生畜禽粪污约1 125吨，年节约施肥量1 050千克，节约施肥成本5 040元。

（二）社会效益

辐射带动周边农户发展种养结合模式，有效改善农村居住环境，推进养殖业与种植业的紧密衔接，优化畜牧业生产方式，调整产业结构，提升当地农牧业发展水平，促进农民增收、农业增效，推动畜牧业健康可持续发展。

（三）生态效益

种养一体化循环利用模式可以有效改善畜禽养殖粪污乱排放、农药化肥大量使用等带来的农业面源污染问题，该模式可使养殖粪污变废为宝，有效改良土壤，降低农业生产能耗，提高资源产出率，生产绿色、有机农业产品。实现了农业废弃物的内部循环，最大限度地减少了畜禽养殖废弃物排放，缓解了区域生态环境对畜牧业生产的约束和限制。

推荐单位

甘肃省畜牧技术推广总站
玉门市畜牧兽医技术服务中心

西北地区

14　粪污全量收集贮存发酵还田利用模式（陕西省）

一、实例概述

陕西省柞水县大河生猪养殖示范村共有养猪场（户）60余户，其中规模以下养猪场（户）有30户，全村生猪存栏20 000头，年出栏35 000头，年产猪粪6 000 ~ 8 000吨。2021年通过实施省级畜禽粪污资源化项目，针对规模以下养殖户建设完善粪污处理设施，每个养殖场做到雨污分流，建设堆肥场和密闭污水池等设施，推行养殖粪污全量收集。通过完善养猪场粪污处理设施设备，指导养猪户规范处理猪粪，同时进行有机肥加工，基本形成了"养殖场堆积发酵+有机肥加工厂"的粪污全量收集处理模式。

二、实施地点

柞水县瓦房口镇大河生猪养殖示范村。

三、工艺流程

（一）流程介绍

针对生猪养殖产生的粪污，每个养殖场设置两套处理体系，猪舍中的水冲粪及鲜粪中经过固液分离产生液体粪污在污水厌氧发酵池中密封发酵，固体粪便则清运至封闭式堆肥场，一部分供应给有机肥加工厂生产商品有机肥，另一部分堆放在封闭式堆粪场继续发酵。养殖场堆积发酵生产的农家肥和液体粪污发酵完成后直接供应给周边农田施用。有机肥厂加工生产的商品有机肥则销售给大棚菜地、果园（图1）。

西北地区

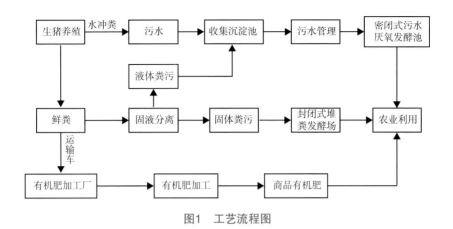

图1 工艺流程图

（二）运行机制

养殖场除了基础的圈舍外，还配套有密封式堆粪发酵场和封闭式污水贮存发酵池。每日产生的鲜粪会被转运至该养殖场的封闭式堆粪场，养殖场可以根据自己的种植需求保留鲜粪，也可以售卖给有机肥厂。有机肥加工厂将收购的鲜粪与木耳、香菇种植户废弃的菌包按比例混匀生产有机肥，发酵、筛分、检测、装袋后供应给周边的大棚菜地和果园。堆粪场内留下的鲜粪根据有无固液分离的前处理设备确定发酵工艺，干粪堆积发酵、湿粪条垛发酵。养殖场内的液体粪污统一进入密封式污水厌氧发酵池，发酵60天以上后可用于农田灌溉。整个过程中实现生猪养殖粪污全量收集还田。

四、技术要点

（一）雨污分流

养殖场都建有雨污分流设施，雨水通过雨水收集槽直接排到圈舍外的地面，不会流进圈舍。猪舍内的粪尿沟与污水输送管道相连，液体粪污全程使用管道输送，避免溢流及臭味挥发等问题。

（二）干清粪

要求养殖场粪便日产日清。每个场（户）根据实际情况采用人工清粪或机

西北地区

111

械清粪。清出的粪便及时运至封闭式堆粪场。场区内部净污道分开，防止粪便运输过程中污染场区环境。

（三）粪便处理

在堆粪场内的当日粪便处理有两条途径，一是供应有机肥加工厂生产有机肥，二是在封闭式堆粪场自行堆放处理，有固液分离机的经固液分离后，干粪在堆粪场内堆积发酵40～60天；无固液分离机的，堆粪场内设置发酵条槽，粪便逐条槽堆放，堆放高度0.8～1.2米，宽度2～3米，堆积发酵60天以上，发酵完成作为农家肥还田。为了提高棚内温度彻底杀灭病原微生物和虫卵，同时减少粪便臭气对场区周边的大气污染，堆粪场使用透明瓦或塑料薄膜全封闭，周边筑有围墙，地面用水泥抹平，做到防渗、防溢出（图2）。

图2　封闭式堆粪场（王晓川 供图）

（四）尿液和污水收集处理

每个养殖场（户）设1个收集沉淀池，2～4个污水厌氧发酵处理池，每个容积50～100米³，顶部密封。畜舍内的尿液或污水先流入收集沉淀池，再通过管道输送至污水厌氧发酵处理池。粪尿沟设在猪舍内，舍外部分全部使用大孔径管道输送，防止雨水流入（图3）。尿液及污水在厌氧发酵池发酵2个月以上，发酵完成后才能还田灌溉。

图3　密封式污水发酵处理池（王晓川 供图）

（五）有机肥加工生产

建成公司生产商品有机肥后，各养殖场清出的粪污使用封闭车厢运输至有机肥厂，全程避免抛洒。将周边木耳、香菇种植户废弃的菌包做辅料，与畜禽粪污按比例混匀生产有机肥（图4）。有机肥生产全过程包括菌包粉碎、搅拌混合、发酵处理、筛选、检测、装袋等环节，全部在厂房内部完成，避免扬尘、抛洒问题出现。

图4　有机肥发酵处理（王晓川 供图）

（六）农业利用

养殖场堆积发酵生产的农家肥和液体粪污经发酵后直接由周边农户拉走用于农田利用。有机肥厂加工生产的有机肥销售给蔬菜大棚、果园等，按需使用。

五、投资概算与资金筹措

（一）设施设备

新建封闭式污水贮存发酵池20个，共3 863.5米³，密闭式堆粪发酵场37个，共3 213.79米²，总投资150万元，申请省级粪污资源利用项目资金70万元，养殖户自筹80万元。新建厂房及库房1 760米³，有机肥加工生产线2条，年产量为5万吨，项目总投资450万元，申请苏陕协作对口帮扶和农业专项帮扶资金220万元，企业自筹230万元。

（二）运行费用

每年可生产商品有机肥10 000吨，运行费用120万元，包括人工、运输、机械运行维修和有机肥包装。

六、取得成效

（一）经济效益

一是提高了养殖场收入。通过项目实施，改善了养殖环境，提高了生猪健康水平和生产水平，增加商品猪出栏量，也提升了养殖场（户）的经济效益。二是增加了有机肥销售收入，按每头猪每天平均排放鲜猪粪1.5千克、尿液3千克计算，日均粪污产生量为67.5吨，全年可处理粪污20 000吨以上，其中加工有机肥10 000吨，按售价200元/吨计，年收入为200万元。

（二）社会效益

畜禽场周围的环境卫生得到改善，促进了村庄整体环境水平的提升，同时为周边木耳、香菇种植户废弃旧菌包的处理提供了出路，给全县木耳及食用菌种植户解除了后顾之忧。

西北地区

（三）生态效益

通过完善养殖场（户）粪污处理设施，建设有机肥加工厂，开展资源化利用，切实做到了粪污的全量收集和"零排放"，畜禽粪污变成有机肥还田生产农作物，减少化肥和农药的使用量，实现了种养结合循环发展，符合可持续发展战略的需要，对促进农业生态环境良性循环和利用起到了重要作用，确保农业经济的可持续发展，加快了社会主义新农村的建设进程。

推荐单位

陕西省畜牧技术推广总站
商洛市畜牧产业发展中心
柞水县畜牧兽医中心

西北地区

15 肉牛粪污堆肥发酵还田利用模式（陕西省）

一、实例概述

针对陕西省汉中市洋县养牛零散、规模小和粪污治理难度大等特点，在磨子桥镇牛砭村实行科学化的肉牛养殖粪污处理模式。粪污处理遵循"综合利用优先、资源化、无害化、减量化"的原则。一方面采用干清粪生产工艺，减少污水排放量，降低处理难度和处理量，另一方面对已产生的粪污进行有效发酵腐熟处理，实现资源化综合利用，提高养殖粪污利用率，使养殖粪污全部还田，形成农业生态系统物质的充分转换和良性循环。

二、实施地点

陕西省汉中市洋县磨子桥镇牛砭村十组。

三、工艺流程

（一）流程介绍

肉牛养殖产生的粪污经过固液分离后，固体进行堆肥发酵，发酵产物出售给周边农户，液体粪污通过四级沉淀池发酵处理后还田（图1）。

图1 工艺流程图

西北地区

（二）运行机制

该牛场圈舍建设根据地形特点和环保要求科学设计、合理布局，使液体粪污和固体粪污分开收集贮存利用，避免造成环境污染。液体粪污通过圈舍地面的粪尿沟汇集流入舍外铺设的地下排污管道排入四级沉淀池，经发酵净化后用吸污车运输至农田施用；固体粪便清运至堆粪场与秸秆、锯末等充分混合后进行堆积处理，充分腐熟发酵后出售给周边农户。

四、技术要点

（一）圈舍修建

圈舍为钢架结构，坐南向北修建，双列开放式设计，长25米，宽10米，高5米，中间留有1.5米的饲喂通道，饲喂通道两边设有宽0.6米的饲喂槽。牛舍地面两边高中间低，坡度为2°，中间低洼处为粪尿沟，粪尿沟宽0.3米，深0.15米，与舍外铺设有排污暗管相连，圈舍内的液体粪污通过粪尿沟汇集至排污暗管流入四级沉淀池。

（二）雨污分流

建设雨污分流设施，圈舍顶部坡度南高北低，屋檐边沿安装有雨水收集槽，雨水通过收集槽汇集至牛舍北部，自然落下，保证牛舍内部干燥。污水则通过牛舍内部地面粪尿沟北高南低的设计，利用自身重力，收集污水汇入牛舍南部沉淀池，以达到雨污分流的目的（图2、图3）。

图2 牛舍屋顶雨水收集槽（史天民 供图）　　图3 牛舍内部粪尿沟（史天民 供图）

（三）干清粪

采取人工干清粪方式，工人使用铁铲每日早晚集中对牛舍内部粪便进行清理收集，然后用翻斗车将粪便运输到牛场西边的堆粪场里。

（四）粪便处理

固态粪便堆粪场250米³，堆粪场顶部为彩钢遮雨棚，防止雨水进入，地面、墙面用水泥密封，做到防渗防溢流，地面墙角设有排污沟。牛粪与秸秆、锯末等按照一定比例混合，在微生物的作用下，分解粪便中的有机质和有害微生物，高温发酵直至腐熟，在粪污堆肥过程中加盖塑料薄膜，防止臭气外散，一般堆积发酵30天左右。

（五）污水处理

液体粪污通过四级沉淀池净化，共200米³，沉淀池远离养殖区域，池底和池壁的建设按照《给水排水工程构筑物结构设计规范》（GB 50069—2002）的有关规定进行防渗处理，防止污染地下水资源（图4）。

图4　四级沉淀池（史天民　供图）

五、投资概算与资金筹措

（一）设施设备

粪污综合利用项目建设总共投资300万元，全部为自筹，其中圈舍建设150万元，排水管道及配套粪污无害化处理设施100万元，建设项目包含建设办公用房4间，沉淀池200米³，场区道路硬化500米，排污管道2 000米，购置设备50万元。

（二）运行费用

每年维护费用支出约34万元，其中，运转维护费5万元，人工费24万元，电费5万元。

六、取得成效

（一）经济效益

通过牛场的建设，新增固定资产200万元以上；肉牛年出栏达到30头，可产生利润15万元；牛粪堆肥发酵，每立方米售价80元，年牛粪销售收入达3万元，对周边200亩土地改良，带动农户20户，户均种植增收1 000元。

（二）社会效益

有利于实现农业农村发展和农民增产增收。通过对养殖粪污的处理利用，强化了农业资源环境管控，促进农用土地、水资源、劳动力、资金等生产要素的合理集聚，提高土地生产率和劳动生产率；增加了村民收入，对实现农民增收、维护社会稳定、家庭和谐、提振区域经济具有重要作用。

（三）生态效益

针对洋县肉牛养殖存在的产业化水平低、标准化程度不高的现状，通过推广该模式，对肉牛养殖产生的粪污进行堆肥还田的资源化利用，一方面缓解了畜禽粪污集中堆放对区域环境的污染，提高农村居住环境质量，另一方面增加了土壤有机质含量，改善土壤理化性质，提高土壤的蓄水保肥能力，推进有机肥替代化肥，保证土地资源利用向良性发展。对农业生态环境以及农业的可持续发展都起到了积极的改善和促进作用。

推荐单位

陕西省畜牧技术推广总站
汉中市动物疾病预防控制中心

西北地区

119

16 "牛粪银行"有机肥还田利用模式（宁夏回族自治区）

一、实例概述

宁夏西吉县"牛粪银行"典型案例在西吉县兴隆镇川口村建设有机肥厂，采用"村企合作"的模式，公司分别在陈田玉村、川口村、小段村等肉牛养殖集中区域布设牛粪集中收贮点，统一收集周边肉牛散养户牛粪，收贮点经条垛发酵处理后的初级有机肥运送到有机肥加工中心生产成品有机肥，生产的有机肥主要施用于西吉县蔬菜、马铃薯、玉米、秋杂粮等作物，形成了"有机肥加工中心+集中收贮点+农户"的"1+3+X"运行机制。

二、实施地点

宁夏西吉县陈田玉村、川口村、小段村及其周边10千米范围2 000多户肉牛养殖户。

三、工艺流程

（一）流程介绍

养殖集中区农户养殖肉牛产生的牛粪统一收运至村集中收贮点，通过条垛式堆肥发酵生产初级有机肥，初级有机肥运送至有机肥加工中心，经筛分、粉碎、检测、添加辅料等生产成品有机肥销售给当地种植户或置换给养殖户（图1）。

（二）运行机制

采用"村企合作"运营模式，村集体帮助企业流转土地建设堆粪场，注入村集体经济发展资金，运营过程中协助企业收集、运送牛粪。企业按照年注资额

西北地区

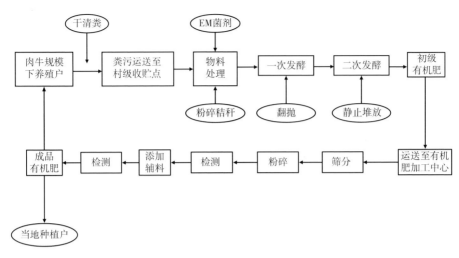

图1　工艺流程图

的12.5%给村集体分红，或者按照村集体收集运送牛粪量进行分红，每收集运送1吨牛粪分红5元，形成利益捆绑，有效带动村集体经济发展壮大。企业设立"牛粪银行"，周边10千米范围内养殖户可以用鲜牛粪到"牛粪银行"进行交易，可兑换处理好的有机肥，也可兑换现金。兑换标准为：对需要有机肥的农户，按照10吨牛粪兑换7吨有机肥的比例进行兑换；对不需要有机肥的农户，按照每吨牛粪40元的价格进行收购。通过"牛粪银行"运营模式，将银行先进管理方法运用到有机肥加工中，巧妙解决了企业资金及原料短缺问题，又解决了农村牛粪乱堆乱放污染环境的问题，一举两得。

四、技术要点

（一）收集

养殖户通过干清粪的方式将牛粪清理在牛棚一端，待存满一车，就近拉运至陈田玉村、川口村、小段村等村级集中收贮点，拉运距离一般不超过2千米。

（二）贮存

在西吉县陈田玉村、川口村、小段村等肉牛养殖集中区分别建设牛粪集中收贮点，每个收贮点堆粪棚面积1 200米²以上，主要收集周边养殖肉牛产生的牛

西北地区

121

粪，收集范围辐射周边养殖户2 000余户，年收集牛粪约5万吨。

（三）处理

在集中收贮点，将80%牛粪和20%粉碎秸秆混合均匀，按照8米³物料接种1千克EM菌剂，混合好的物料进行条垛式堆肥，底宽1.5～2.5米，高度1～1.5米，2～3天用翻抛机翻堆一次，当温度超过70℃时增加翻堆次数，好氧发酵15天。好氧发酵结束后，将物料推成大堆二次发酵30天左右，堆体温度接近环境温度时完成发酵，形成初级有机肥。然后，将初级有机肥转运至有机肥加工中心，用0.8目筛子进行筛分，粉碎后检测氮、磷、有机质等含量，当含量不足时，相应添加硫酸铵、过磷酸钙、腐殖酸等，搅拌混匀后再次进行检测，检测指标达到《有机肥料》（NY/T 525—2021）标准后，装袋销售（图2）。

图2　粪便处理（王海龙　供图）

（四）还田利用

生产的有机肥一部分以"牛粪银行"换购模式返回给养殖户，剩余部分按市场价格销售给种植户，主要用于果蔬基地种植马铃薯、设施蔬菜、饲用玉米等作物。

五、投资概算及资金筹措

（一）设施设备

总投资787.5万元。其中，自筹资金607.5万元，政府补贴180万元。堆粪棚及有机肥加工车间7 700米^2，500.5万元；厂区硬化5 000米^2，100万元；有机肥生产线1条，47万元；翻抛机2台，12万元；铲车1台，10万元；撒肥车3台，12万元，土地流转费72万元，办公室及辅助设施34万元。

（二）运行费用

年运行费用472万元。其中，常年用工19人，工资57万元；设备维护费10万元；年采购畜禽粪便、农作物秸秆、发酵菌剂等400万元；有机肥检测费5万元。

六、取得成效

（一）经济效益

生产的有机肥每吨售价500元，年产值达3 500万元，企业纯收入200余万元，可带动养殖10头牛的养殖户增收6 000元以上。

（二）社会效益

牛粪收集点可吸纳就业35人，农户可以在家门口就近就业，既能照顾家里老人和孩子，又能参与农业生产，还能有偿务工，一举三得。

（三）生态效益

"牛粪银行"将粪污进行高温杀菌、除臭、发酵后加工成有机肥，变废为宝，有效缓解了肉牛养殖集中区粪便随处堆放造成的面源污染，减少了农药化肥的使用量，对促进种养绿色循环、改善农村居住环境、助力乡村振兴发挥了重要作用。

推荐单位

宁夏回族自治区畜牧工作站
西吉县畜牧水产技术推广服务中心

羊粪好氧堆肥还田利用模式（宁夏回族自治区）

一、实例概述

滩羊散养户利用长枣饲喂羊只，养殖过程中产生的羊粪由第三方社会化服务组织收集，出售给公司生产有机肥，有机肥施于周边灵武长枣种植园、苹果园、设施园艺及优质饲草基地，形成了区域性农牧循环的高质量发展格局。

二、实施地点

灵武市郝家桥镇狼皮子梁村30千米范围内。

三、工艺流程

（一）流程介绍

公司通过社会化服务组织收集散养户滩羊粪，加入除臭剂、发酵剂及粉碎后的枣树枝条、秸秆，定期翻堆使粪便充分发酵腐熟，然后粉碎过筛、配料搅拌、造粒冷却、过筛分级等加工粉状有机肥及颗粒有机肥（图1），用于枣园、果林、牧草田间施用，收获后的长枣部分用于饲喂滩羊，形成种养结合、农牧循环的良性发展方式（图2）。

（二）运行机制

灵武市6家社会化服务组织按照每立方米羊粪130元的价格，挨户上门收集灵武市狼皮子梁村30千米范围内120家养殖户滩羊粪。收集的羊粪以每立方米140元的价格出售给公司生产有机肥，生产的成品有机肥75%用于自有枣园、果林、设施园艺及饲草地，25%成品有机肥以每吨520元的价格出售给周边种植户。

西北地区

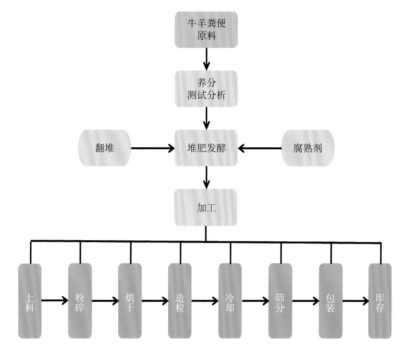

图1　有机肥生产工艺流程图

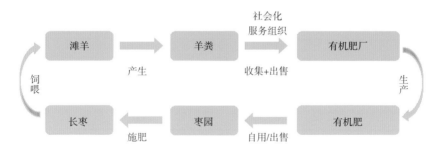

图2　滩羊饲喂长枣过腹还田示意图

四、技术要点

（一）收集与贮存

滩羊散养户采用干清粪的方式定期清理圈舍内羊粪（图3），社会化服务组织安排专用粪污运输车上门收集，拉运至有机肥厂，堆放于经过硬化防渗的堆粪场。

125

图3　滩羊圈舍干清粪（崔凤飞 供图）

（二）处理

该典型案例依托甘肃省科学院生物研究所出版物《农牧废弃物生物资源利用技术》中介绍的相关技术和专利功能菌剂。

1. 堆肥发酵

将水分低于85%的羊粪原料加入除臭剂、发酵菌、粉碎枣树枝条、秸秆等混合均匀，控制含水量在50%～70%，堆高1～2米进行发酵。堆好后，开始测定并记录发酵温度，24～48小时内温度上升至60℃左右，保持48小时后根据堆温翻堆，堆温达到50℃时，翻堆供氧；堆温升到60℃以上，每2～3天翻堆一次；堆温达70℃以上立即翻堆降温。经多次翻堆，堆温开始下降，不再反弹，一次发酵结束。然后转入陈化池，进入后熟阶段，需10～15天，不再进行翻堆操作。

2. 生产加工

腐熟后的物料经料斗和输送带传入粉碎机粉碎加工，并进行初级筛分，再用自动配料机加入辅料，混合均匀后，输送到定量包装机生产粉状有机肥。混合搅拌好的粉状物料传送到圆盘造粒机，加适量水初次成粒后进入滚筒造粒机再次造粒，然后进入烘干机、冷却机、筛分机、包装机，生产颗粒有机肥（图4）。

西北地区

图4 粪便处理（陈振 供图）

（三）利用

生产的有机肥75%作为底肥通过开沟机施用于周边自有1 000亩枣园、700亩果林、300亩设施园艺及5 000亩饲草地，25%直接出售给周边种植户。

五、投资概算及资金筹措

（一）设施设备投资

厂房、设备总投资727.1万元，其中，自筹资金397.1万元，政府补贴330万元。陈化车间、有机肥加工车间及仓库16 430米^2，投资605.4万元。颗粒有机肥生产线1条、粉状有机肥生产线1条，生产设备总投资121.7万元，主要设备有造粒机、烘干机、包膜机、冷却机、电脑自带配料机、粉碎机、自动包装机、除尘设备、槽式翻堆机1套。

（二）运行费用

2021年收购牛、羊粪12万吨，生产有机肥6万吨，生产运行费用1 555.4万元。其中，常年用工15人，工资45万元；设备维护费11万元，年采购畜禽粪污、农作物秸秆、发酵菌剂等1 484.4万元；专利购买、有机肥研发、检测费15万元。

六、取得成效

（一）经济效益

每只滩羊由于减少饲喂成本降低、抵抗力增强、成活率增加，年节本增效17元。羊粪出售价格每立方米130元，每只滩羊年羊粪收入约61.7元。以年饲养100只滩羊散户为例，年户均增收约7 869元。有机肥厂2021年收购牛羊粪约12万吨，生产有机肥6万吨，收入约1 755万元，年利润约199.5万元。有机肥年替代化肥用量约3 000吨，节省购入化肥约245万元。

（二）社会效益

有机肥厂吸纳当地25名农民就业，鼓励周边农户有机肥替代化肥施用，丰富乡村经济业态，推动种养结合和产业链再造，助力乡村产业振兴；带动灵武市畜牧养殖、牧草种植、粪污处理、有机农产品生产等相关产业可持续发展。

（三）生态效益

降低了土壤化肥残留，有效改善土壤结构，培肥地力，为生产优质农产品创造了条件。滩羊粪还田利用达到了减量化、资源化、无害化的要求，实现了区域农牧资源循环，为建设全产业链发展、生态友好、种养结合、绿色环保的现代畜牧业提供支撑。

推荐单位

宁夏回族自治区畜牧工作站
灵武市畜牧技术推广服务中心

羊粪好氧堆肥还田利用模式（青海省）

一、实例概述

配套建设了一条3吨位的有机肥料自动生产线，日处理畜禽粪污20吨，秸秆2～4吨，日生产有机肥料约16吨。处理站将牧场羊粪加工成有机肥，不仅解决了牧场及周边牛羊粪污染问题，并将生产出来的有机肥料直接用于燕麦、小麦、蔬菜等农作物种植，从而实现了养殖和种植循环发展。

二、实施地点

青海省海东市平安区三合镇索尔干村。

三、工艺流程

（一）工艺流程图

工艺流程见图1。

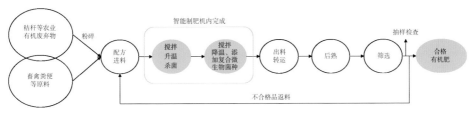

图1　工艺流程图

（二）工艺流程简介

1. 粉碎

将畜禽粪便、秸秆等农业有机废弃物采用专用的秸秆揉丝机进行分类粉碎成丝状纤维物。

西北地区

2. 预混进料

将畜禽粪便+秸秆等农业有机废弃物+核心材料合理配比，进行预混进料。

3. 高温灭害

将上一工序的物料投入秸秆制肥机的发酵罐中，进行80℃以上高温杀菌2～4小时，杀灭病原微生物、虫卵和杂草种子。

4. 配比调节

根据物料情况和配方要求再酌情加入一些辅料调节物料湿度和碳氮比，以利下一步的微生物快速增殖发酵。

5. 发酵降解制肥

降温至65℃以下，加入发酵菌剂，发酵6～18小时。

6. 土壤改良功能菌培养

降温至常温，加入功能型土壤有益菌，培养2小时左右，形成功能性有机肥，出料，完成全部过程。

7. 后熟阶段

堆放、陈化二次发酵，最快可7天完成。

8. 筛选和包装

对二次发酵完成后的有机肥进行抽样检测，合格有机肥进行包装处理，不合格有机肥返回进料系统，重新加工。

四、技术要点

（一）收集

索尔干村丰源富硒现代牧场用小型装载机和拖拉机将圈舍内羊粪收集至公司生产车间，索尔干村部分养殖户也将多余牛羊粪便委托公司处理站处理。

（二）贮存

该处理站生产加工周期短，根据生产情况批次处理，不需建设大型堆粪场，不需贮存大量畜禽粪便和农作物秸秆。索尔干村丰源富硒现代牧场将多余羊粪堆放在牧场堆粪场即可。

（三）处理

1. 核心设备

该处理站生产线由揉丝机、粉尘辅料房、上料机（图2）、制肥机、翻堆机和翻堆槽（图3）、传送机和包装设备（图4）组成。

图2　上料机（陆四清　供图）　　　图3　翻堆机和翻堆槽（陆四清　供图）

2. 核心技术

（1）自动化制肥机。设备全自动完成杀菌、净化、发酵、除臭和浓缩过程，可使农业废弃物体积减少30%～70%，病虫害杀灭率99%以上，生产过程无废水、无恶臭、无废渣。秸秆、畜禽粪污等废弃物在6～24小时内完成制肥过程。

西北地区

图4　传送机和包装设备（陆四清　供图）

（2）高活性的菌群组合。菌群组合有高温发酵菌群、土壤有益菌群及防病功能菌群。与上述设备和工艺有机结合，2～4小时完成快速发酵有益菌扩繁。

（3）科学的配方和工艺。可根据当地不同的有机废弃物和农作物对有机肥的使用要求，进行设备和工艺设计、科学配比，形成解决方案，制成优质生物有机肥料。

（四）利用

生产的有机肥一部分用于种植燕麦、小麦等农作物，一部分出售至蔬菜种植基地。

五、投资概算及资金筹措

每个畜禽粪污资源化循环利用处理站的一条有机肥料生产线总投资为160万

元，其中设备投资120万元，厂房及其他设施投资40万元，另外需要流动资金约50万元；每吨生产成本含养殖场牛羊粪收集、菌种、燃烧颗粒、电费、水费、包装材料和人工工资及检测费用大约为700元。

六、取得成效

（一）经济效益

该条生产线设备满负荷生产可年产6 000吨有机肥，综合农村各种因素，按年产5 000吨有机肥计算，该条生产线有机肥销售可产生每年100万元的经济效益。

（二）社会效益

该条农业废弃物粪污资源化循环利用生产线可配置9个贫困劳动力，解决农村劳动力就业问题。还可以带动当地的运输业、包装业等行业的发展。

（三）生态效益

处理站可以将畜禽粪污和农作物秸秆等废弃物进行资源化利用，解决了养殖污染问题，同时也解决了秸秆焚烧对空气的污染。生产的有机肥施用到农田，不仅可以替代大量的化肥，而且可以增加土壤有机质含量，疏松土壤，缓解土壤板结现象。

推荐单位

青海省畜牧总站
海东市平安区畜牧兽医站

西北地区

19 发酵床垫料蚯蚓蛋白转化（青岛市）

一、实例概述

公司的巴马香猪—蚯蚓—南瓜特色农业小循环是指采用发酵床养殖巴马香猪，养殖过程中产生的粪尿全部进入发酵床，与发酵床垫料（农作物秸秆、稻壳等）混合进行微生物发酵。腐熟的发酵床垫料用于蚯蚓养殖或好氧堆肥发酵。蚯蚓养殖生产的蚯蚓用作散养鸡饲料，蚓肥则作为肥料用于种植特色农产品绿皮南瓜。整个养殖环节产生的猪、鸡粪尿都通过好氧堆肥后还田；种植南瓜等农作物产生的残次品，用于补饲猪、鸡，秸秆类作为堆肥辅料转化为肥料。

二、实施地点

青岛市莱西市姜山镇洽疃村。

三、工艺流程

采用发酵床养殖巴马香猪，养殖过程中产生的粪尿全部进入发酵床进行微生物发酵。发酵床垫料主要以农作物秸秆、稻壳等为主，每年更换一次，更换下来的发酵床垫料用于蚯蚓养殖或好氧堆肥发酵。蚯蚓养殖生产的蚯蚓用作散养鸡饲料，蚓肥则用于种植特色农产品绿皮南瓜的肥料。整个养殖环节产生的猪、鸡粪尿最终都会通过好氧堆肥后还田；种植南瓜等农作物产生的残次品，用于补饲猪、鸡，秸秆类作为堆肥辅料转化为肥料。该模式具体工艺流程见图1。目前全场存栏巴马香猪260头，可年出栏巴马香猪肥猪400头左右，南瓜种植面积270多亩，占地1亩左右的蚯蚓大棚2个，采用该模式可实现种养结合微循环，粪污零排放、零污染。

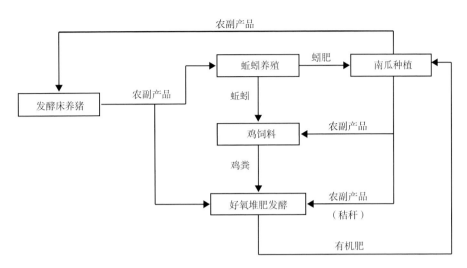

图1　工艺流程图（张宝珣　供图）

四、技术要点

（一）发酵床养猪

全场生猪全部采用生物发酵床养殖，母猪和仔猪采用小栏饲喂模式，每圈面积在16～20米²，每栏饲养种猪一头或仔猪一窝，平均养殖面积不低于2米²/头（图2）；育肥猪半露天发酵床养殖。发酵床的深度一般在40厘米左右，发酵床垫料主要由稻壳、木粉、秸秆等组成，同时加入专用的发酵床微生物菌剂（图3）。在养殖过程中，猪产生的粪尿直接排泄到发酵床上，通过微生物的降解、吸收、转化作用，直接被无害化处理。发酵床每隔3～4天翻抛1次，根据湿度不定期补充辅料或喷水，垫料1年左右更换1次，并进行彻底消毒。

图2　小栏饲喂（马洪胜　供图）

图3　养殖发酵床（马洪胜　供图）

（二）蚯蚓养殖

以发酵床垫料作为基质进行蚯蚓养殖。通过蚯蚓的消化、转化作用，一方面可以将发酵床垫料中的养分转化成为高品质的蚯蚓肥，另一方面还能生产大量的蚯蚓，用于土壤改良或作为高质量蛋白饲料来补饲禽类（图4）。目前场内有蚯蚓养殖大棚2个，每个大棚占地1亩左右（图5）。蚯蚓养殖的条垛宽度一般在1米左右，基质以发酵床垫料和农作物秸秆等为主。根据场内生产情况以及蚯蚓的长势来调节添料频次，一般每次添料厚度在10~20厘米，每月添料不低于2次。每隔10天左右需要除蚯蚓粪、倒翻蚯蚓床1次，根据生产情况定期收获蚯蚓。

图4　蚯蚓养殖（马洪胜 供图）　　　　图5　蚯蚓养殖大棚（马洪胜 供图）

（三）好氧堆肥

以养殖过程中产生的猪发酵床垫料、鸡粪、农作物秸秆等为主要原料，在场内进行条垛式好氧堆肥发酵处理。将堆肥物料的水分调节至45%~65%，碳氮比调节至（20∶1）~（40∶1），将调制好的物料堆垛成2~3米宽，1~1.5米高的条垛进行好氧堆肥发酵。物料经过高温腐熟过程，不仅杀灭了其中蛔虫卵、杂草种子和有害菌，实现了无害化，同时物料中的养分还被微生物转化为养分和有机质，变成优质的有机肥。

五、投资概算及资金筹措（表1）

表1　成本分析

费用名称	费用（万元）	费用说明
发酵床（改造）	9.00	对原有猪舍进行改造，每个圈舍的改造费用约3 000元，共需改造圈舍30个

（续表）

费用名称	费用（万元）	费用说明
垫料	3.00	稻壳或花生壳50吨
自走式发酵床翻抛机	0.50	小型柴油拖拉机带旋耕犁
蚯蚓养殖大棚	6.00	需养殖大棚2个，每个大棚占地面积在1亩左右，建设费用约3万元/个
自走条垛式翻抛机	3.00	专用的自走式堆肥翻抛机
人员	12.00	完成全部养殖工作，需2名专用养殖人员，每人每年费用约6万元

六、取得成效

一是无需购建漏缝地板、刮粪板、储粪池、干粪棚等粪便收集、处理设施设备，节省了相应的购置和建设费用，同时也节省了粪污处理所需的运行和人工费用。

二是显著改善生猪养殖福利，提高了生猪健康状况，减少诊疗方面的费用，同时提高生猪生产性能，改善猪肉品质，40～60千克的肥猪70元/千克，猪肉120元/千克。

三是发酵床垫料用于养殖蚯蚓，经过蚯蚓的转化降解，粪便和辅料的部分有机质被转变蚯蚓体，部分转化为蚯蚓粪肥。

四是垫料和秸秆等通过好氧堆肥发酵，每年可生产优质有机粪肥40～50吨。通过粪肥和蚯蚓肥还田，有效提高了土壤肥力，至少可减少肥料投入6万～8万元，有较明显的社会效益和生态效益。

五是收获的绿皮南瓜品质好，亩产优等品1 000千克以上，网上直销，售价10～12元/千克。

推荐单位

青岛市畜牧工作站
莱西市畜牧兽医服务中心

华东地区

20　粪水全量收集发酵还田模式（青岛市）

一、实例概述

山东省青岛市莱西市姜山镇大河头村养猪场采用全漏缝地板全量收集猪粪水于蓄粪池，首先进行一级发酵，随后通过排污管道将其排至沉淀池后，利用抽水泵将粪污抽至田间地头厌氧发酵罐进行二级厌氧发酵。发酵完成后，将其与水按比例混合后还田利用。

二、实施地点

山东省青岛市莱西市姜山镇大河头村。

三、工艺流程（图1）

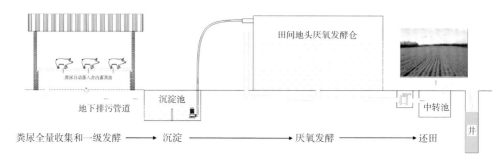

图1　工艺流程图（宋修瑜　供图）

猪舍饲养区地面铺设全漏缝地板，猪只产生的粪便和尿液，通过漏缝地板后，自动收集于漏缝地板下部深0.8米蓄粪池，进行一级发酵，液位达到约0.6米或出猪后，拔出排污阀，利用虹吸原理，将蓄粪池内的粪污通过地下预埋的排污

华东地区

管道，排至舍外粪污沉淀池，利用污水泵，将沉淀池内的粪污抽至田间地头厌氧发酵罐进行二级厌氧发酵。无害化发酵完成后，打开阀门，利用虹吸原理，通过发酵罐底部的管道与水3∶1以上比例混合后还田。

四、技术要点

（一）猪粪水全量收集

粪便和尿液经过猪只踩踏，通过漏缝地板（图2），自动全量收集到舍内蓄粪池（图3），并进行一级发酵。

图2　漏缝地板（宋修瑜 供图）

图3　舍内蓄粪池（宋修瑜 供图）

华东地区

（二）田间地头仓式厌氧发酵

舍内粪污经猪舍地下排污管道，通过舍外沉淀池（图4），利用污水泵将粪污抽至全密闭厌氧发酵罐进行贮存，并进行二级发酵。厌氧发酵罐（图5）安装于地上，外壳为镀锌钢板，内部为密闭的防水皮袋，皮袋上部安装进料口，底部预留排污口，地下预埋排污管和通气管，并于排污管末端安装阀门。发酵过程中，进料口封闭，使皮袋处于全密闭厌氧状态，可打开阀门抽样检测。无害化发酵完成后，打开排污管道阀门，利用虹吸原理，罐内的粪污通过排污管道排出。

图4 粪污沉淀池（宋修瑜 供图）

图5 粪污厌氧发酵罐（宋修瑜 供图）

（三）无害化处理

全密闭厌氧发酵罐内的粪污进行厌氧发酵，夏季发酵期2～3个月，春、秋季发酵期3～5个月，冬季发酵期6个月以上，经过无害化发酵后进行成分检测。

（四）还田利用

发酵完成后的猪粪水，按照土地承载力测算办法，与井水按照3∶1以上比例浇地或深施土壤、配套测土配方施肥，替代部分化肥还田利用。

（五）种养结合

猪场存栏母猪22头，平均存栏210头，年出栏肥猪360头（图6）；周边配套土地70亩，种植小麦和玉米（图7）。

图6 生猪养殖（宋修瑜 供图）

图7 配套农田（宋修瑜 供图）

五、投资概算及资金筹措（表1）

表1　投资概算

名称	费用（元）	资金筹措
厌氧发酵仓（84米³）	26 000	企业资助
污水泵	3 500	自筹
沉淀池（40米³）	6 500	自筹
人工	1 500	自筹
每年厌氧菌费用	1 000	企业资助
每年运行费用（电费）	200	自筹
检测费用	5 000	技术部门免费

六、取得成效

1. 无污染

整个输送、处理过程均密闭，对空气和地下水源均无污染。

2. 减少化肥施用量

猪粪水经发酵成为肥料后还田，节约2/3化肥，每年节省肥料约200元/亩。

3. 减少处理费用

清粪、输送、处理省时省工，每年节约费用至少2万元。

4. 提高农作物产量

农作物产量显著提高，小麦提高约100千克/亩，玉米提高约100千克/亩。

5. 提高养殖效益

猪场环境优美，用工少，养殖效益明显高于周边同行。

推荐单位

山东省畜牧总站

青岛市畜牧工作站

莱西市农业农村局

姜山动物卫生与产品质量监督站

华东地区

生猪粪污异位发酵床模式（山东省）

一、实例概述

山东省日照市岚山区生猪粪污异位发酵床示范案例以鑫明朔养猪场为主体，在猪场内建设岚山区异位发酵床基地。生猪粪污采取自动翻耙技术发酵，猪场粪污臭气明显减少，污水全部被发酵床消纳，做到了零排放。示范推广畜禽养殖源头减排关键技术，带动全区畜禽养殖粪污无害化处理资源化利用。

二、实施地点

日照市岚山区碑廓镇南杨家洼村。

三、工艺流程

养猪场粪污收集池中的粪污经粪污搅拌机搅拌，用污水泵或泥浆泵抽取后均匀喷洒到圈外发酵床上，通过翻耙机翻耙垫料有氧发酵，粪污被降解、消化。循环喷洒，既实现粪污零排放，发酵使用后的垫料又可作有机肥（图1）。

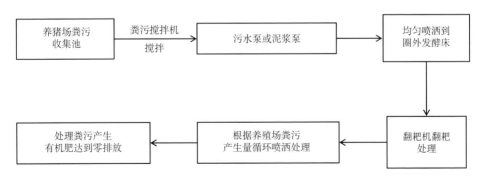

图1 圈外异位发酵床处理养猪场粪污工艺流程图

华东地区

143

四、技术要点

（一）预处理系统

1. 粪污集污池

按照每头猪0.33～0.5米³，根据贮存3～10天粪污的产生量或按场养殖量设计。采用地下式钢砼结构或水泥砖砌体结构，池面往上做1米护栏，配套遮雨设施，达到防雨、防渗、防溢要求。

2. 粪污搅拌机

粪污搅拌机是用于搅拌养殖场粪污的一种设备，养殖量较大养猪场可配套使用。安装在粪污集污池上，开启后带有叶片的轴在圆筒或槽中旋转，将污水和粪便进行搅拌混合，使之成为一种适合抽取的混合粪污。

3. 泥浆泵

泥浆泵是输送泥浆或小粒径杂质液体的特种泵，规模较大养猪场可进行配套。污水泵是提升污水的机械设备，规模较小的场（户）可使用污水泵。泥浆泵和污水泵开启后可将集污池的粪污抽取至异位发酵池。

（二）圈外发酵床建设及使用

1. 微生物异位发酵池容量

根据每立方米发酵床垫料每日可发酵处理粪污30千克或每吨粪污需要发酵垫料33米³的参数进行测算，按照每头猪0.3～0.5米²确定发酵池的宽度、高度和面积，确定微生物异位发酵池的容量。

2. 发酵垫料制作

原料包括发酵基质和发酵菌。配成的物料碳氮比控制在（40∶1）～（60∶1），碳磷比控制在（80∶1）～（140∶1），pH值为6～8。其中，发酵基质可选用稻壳、木屑、粉碎的小麦秸秆、玉米秸秆、花生壳粉等。当以谷壳、木屑为原料时，两者之间的重量比为4∶6。发酵菌应选用耐高温的专用菌种，添加量按发酵垫料容积及菌种含量确定。

3. 粪污喷洒

粪污与发酵垫料混合至水分含量为45%～50%，将发酵垫料装填至80厘米以上。按照粪污量将暂贮在喷淋池中的粪污通过喷淋机一次或多次地喷洒到发酵池表面，多个发酵池可轮换错开喷淋时间。

4. 翻抛及其频率

粪污喷淋到垫料上后，粪污完全渗入垫料3～4小时后，方可开动翻抛机进行翻抛（图2）。翻抛频率为1～2天1次。规模较大的猪场可配备自走式翻抛机，规模较小猪场可配备手扶式微型旋耕机。

图2　养猪场自动翻抛异位发酵床（王海洲　供图）

5. 发酵温度及其周期

喷淋粪污经24小时发酵后，发酵池表面以下35厘米处的温度应上升至45℃左右，48小时后应升至60℃以上。60℃以上保持24小时后再行下一次粪污喷淋。每次粪污喷淋发酵周期约为3天。

6. 及时补充发酵基质

当发酵池内发酵基质的高度下降15～20厘米时，应及时补充发酵垫料，以维持池内发酵垫料的总量。

华东地区

7. 发酵后垫料利用

发酵的垫料原料可使用3年以上，连续发酵降解后不断趋于腐熟，腐熟后的粪污垫料混合物可就地加工成有机肥或对外销售。

五、投资概算与资金筹措

岚山区鑫明朔养猪场投产于2018年9月，占地15亩，固定投资180万元，养猪场坚持发展生产与保护环境并行，先后投资15万元在猪舍外建设700米³异位发酵床，使猪粪尿中的有机物质通过微生物的发酵降解作用，达到降解、消化、除异味、零排放的目的；总投资15万元，全部为自筹资金。建设成本每立方米214元，其中基建4.6万元，床体4.9万元，设备4.6万元。按照年出栏2 000头、发酵床使用3年计算，每头猪的粪污处理成本25元。

六、取得成效

2021年岚山区鑫明朔养猪场承担岚山区异位发酵床示范基地建设。生猪粪污采取自动翻抛技术发酵，猪场粪污臭气明显减少，污水全部被发酵床消纳，做到了零排放。示范推广畜禽养殖源头减排关键技术，带动全区畜禽养殖粪污无害化处理资源化利用。在2021年山东省及中央环保督查中，该模式处理生猪养殖粪污起到典型的带动作用，对推进乡村振兴，缓解农村人居环境整治和增加农民收入之间的矛盾起到很好的示范作用。

推荐单位

山东省畜牧总站
日照市畜牧兽医管理服务中心

华东地区

粪水厌氧发酵与粪便好氧堆肥全量还田模式（浙江省）

一、实例概述

将猪场产生的污水经厌氧发酵处理后就地施用于场区周边配套地块种植的黑麦草、南瓜、番薯等，既消纳粪污，实现种养结合，又可生产青饲料对生猪加以补饲，改善猪只日粮，提升肉类品质；干粪经堆积发酵后"就地+异地"资源化利用，实现猪场粪污的全量消纳。

二、实施地点

浙江省嘉兴市海宁市斜桥镇乐农村。

三、工艺流程

按照粪污消纳能力确定饲养量，依据资源化、减量化、无害化的原则，通过源头减量、过程控制和末端利用对各环节进行全程管理，探索出一套轻简实用、绿色生态、循环高效的全粪污综合利用模式（图1）。

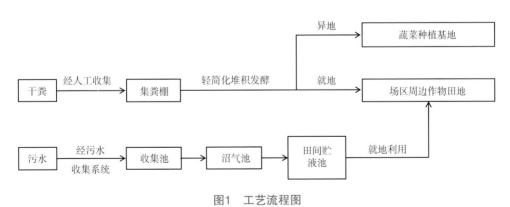

图1 工艺流程图

华东地区

四、技术要点

（一）注重源头减量，节料高质饲养

1. 节水型饮水

采用鸭嘴式饮水器，进水总管安装限流水阀，满足猪只饮水需求的同时，节约耗水量，减少污水产生。

2. 环保化饲喂

日粮中适量添加氨基酸、酶制剂等添加剂，改善氨基酸平衡，提高饲料中氮、磷的利用率，同时每日添加黑麦草、番薯、南瓜等当季青作物，改善猪只日粮，提升肉类品质，同时降低粪污中重金属和抗生素含量，减少资源化利用过程中对土壤环境的危害。

3. 品种择优饲养

养殖场优品种、提品质、创品牌，坚持保障产能和优化产品并重，选择金华两头乌、杜洛克与金华两头乌杂交黑猪两个品种饲养，饲养周期保持在一年以上，在直销超市的销售价格一直维持在45～50元/千克。

（二）强化过程控制，清洁精细管理

1. 干湿分离清粪

猪舍向两侧带斜坡设计，液体粪污自然分流至猪舍两侧的集尿沟（图2）后排入污水收集池，实现污水和粪便在畜舍内自动分离，有效减少污水产生量、后续污水处理设施占地和处理成本。固体粪便采用人工清扫收集至干粪棚堆积发酵，干粪收集频次为每日两次，减少臭气对周边环境影响。

图2　集尿沟

2. 雨污分流彻底

集尿沟及污水收集池底部、周边采用水泥硬化，猪舍屋檐加宽，雨水外

排，污水沟池全部覆水泥盖板做防水处理，雨污分流彻底（图3）。集粪棚考虑到不同季节不同作物用肥需求不同，适当放大集粪棚容积至100米³，堆积发酵池硬化并做相对封闭处理，减少臭气散发，地面做防水、防渗、防外溢措施。

图3　雨污分流（朱佳倚 供图）

3. 实施精细化管理

通过精细化管理措施，保障猪只健康，从而减少抗生素等药物使用。一方面加强舍内环境控制，采用风机、湿帘等环控设施，对舍内温度、湿度、空气质量等环境因素进行科学精准调控，创造适宜猪只生产的最佳饲养环境；另一方面加强疫情防控措施，制定场内免疫程序，按流程实施免疫。

（三）科学处理粪污，强化末端利用

1. 污水预处理

场内配建有310米³污水收集、处理池，液体粪污自动分流后通过污水收集系统，进入污水收集池、沼气池后进行厌氧发酵，20℃条件下发酵时间在8天以上，冬季温度偏低情况下适当延长发酵时间。经完全厌氧发酵后沼液排入田间贮液池。

2. 沼液再利用

场区周边配套有45亩粪污消纳地，专门种植黑麦草、南瓜、番薯等供养殖场作青绿饲料的作物，沼液在贮液池中存放2天后，经前期小面积肥效试验，根据作物品种和轮作轮种间隙，优先用于基肥，科学施用。

3. 干粪堆肥利用

（1）收集。干粪经人工清扫收集运输至集粪棚内堆积发酵。

（2）堆肥。在集粪棚内利用"秸秆+干粪+微生物菌剂"的轻简化堆肥技术，堆积发酵池发酵20天以上制成生物有机肥，后视情况进行还田。

（3）利用。优先用作基肥，采用撒施，配合翻耕机及时翻耕，减少臭味散发，达到资源利用最大化、最优化，避免化肥过量使用而造成土壤酸化，增加土壤有机质含量。

五、投资概算与资金筹措

该模式是在原有猪场基础上进行改造建成，总投入资金约80万元，全部由公司自筹，分别改造、新建1栋标准化猪舍，配套污水收集管网250米，整修污水收集、处理池310米^3，配备干粪运输车辆1辆、沼液输送管道100米。场内配有管理人员3名，人工及设备维护费用约需20万元/年。

六、取得成效

（一）经济效益

一方面减少化肥用量，降低生产成本。另一方面种植基地产品品质明显提高，基地蔬菜获无公害及绿色农产品认证。

（二）社会效益

发展种养结合循环农业可以为区域内化肥减量化、有效控制区域内畜禽养殖导致的环境污染、改善农田土壤质量、提高农产品产量和提升农产品质量提供有力保障，保障区域内农产品质量安全和产地环境安全。

（三）生态效益

一方面解决畜禽养殖废弃物去向难题，且粪污得到有效处理利用，减少农业面源污染，生态环境得到明显改善；另一方面用有机肥代替化肥，有效改善设施蔬菜因生产周期长、产量高、用肥量大、施肥结构不合理等造成土壤次生盐渍化等问题。

推荐单位

浙江省畜牧技术推广与种畜禽监测总站
海宁市畜牧兽医站

23 粪污干清粪固液分离全量还田利用模式（浙江省）

一、实例概述

养猪场采用原生态、低成本粪污处理模式，以盆景艺术展示园、果蔬产业园为依托，应用沼气池、沼液管网、田间储液池等配套设施，向周边种植基地输送沼液施肥，促进当地苗木和果蔬产业发展。

二、实施地点

浙江省金华市金东区。

三、工艺流程

猪舍地面斜坡约5°（图1），采用干清粪工艺，猪粪和猪尿排出后随即自行分流，干粪每天2次集中收集、清运到干粪棚，尿液则从排污沟中流出，通过地下污水管网集中到沼气池。同时饲喂优质生物发酵饲料，以提高饲料利用率，从源头上减少粪便排放量及粪便中氨氮含量。干粪在专用的封闭式集粪棚经过堆

图1 猪舍和猪栏地面斜坡（李挺 供图）

肥发酵后形成初级有机肥还田，养分损失小，肥料价值高。猪舍保持干燥，从源头减少污水产生量。猪尿、冲栏水及少量污水进入沼气池经厌氧发酵，形成沼液用于灌溉。干清粪、粪水分离后，猪舍内产生的污水浓度低且量少，经厌氧发酵后可直接灌溉苗木。该模式适用于中小规模猪场的粪污处理（图2）。

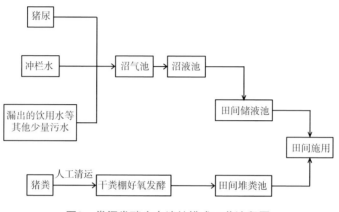

图2　粪污发酵生态消纳模式工艺流程图

四、技术要点

（一）配套粪污处理设施设备

主要设施为厌氧发酵池和封闭式干粪棚。其中厌氧发酵池（即沼气池）（图3左）容积为60米³，沼液池为100米³，封闭式干粪棚20米²。另外配套雨污分离管道、污水收集管网（图3右）和沼液管道。

图3　地埋式沼气池（左）和污水管网（右）（李挺 供图）

（二）加强环境控制

猪场建造时考虑节约粪污收集成本，以自流为主，人工清理为辅，养殖场业主每天2次集中收集清运，且处理设施质量过关，粪污无任何渗漏。沼液池和干粪棚均为封闭式，加上周围苗木盆景的空气净化作用（图4），臭气得到有效控制。

图4　苗木盆景基地（李挺　供图）

（三）做好沼气设施设备的安全检查工作

该模式技术含量低、维护成本低、处理效果好。需要注意的就是在猪场规划建设之初要谋划好中长期发展目标，控制养殖规模，并配套建设质量较好的雨污分离管道和污水收集管网，以及确保沼液池和干粪棚不开裂渗漏，平时做好密封性检查；沼气池必须安装有沼气压力表，随时监测沼气压力，压力过高可开闸放气；需关注配件老化问题，及时更换合格配件。

五、投资概算

在建场之初按存栏不超300头的养殖规模规划，猪场投资10万元建有地埋式沼气池60米³、沼液池100米³，封闭式干粪棚20米²，可连续贮存2个月粪污。配有2个污水泵，铺设沼液管网约2 700米，将沼液输送到周边苗木种植基地的储液池；田间储液池300米³、堆粪池60米³，均由种植户自建，共投资20余万元。

六、取得成效

（一）经济效益

技术应用后，猪场每年节约水电1万元、环保投入3万元；苗木基地降低化肥投入1.2万元，苗木增产收入约5万元；因增施有机肥减轻病虫害的发生，降低农药投入约1万元，经济实用，促进增收共富。

（二）社会效益

猪场内部环境得到明显改善，猪场员工心情舒畅、身心健康；因有效减少畜禽粪污排放、减少养殖气味污染，周边环境也得到明显改善，有效缓解了社会矛盾；推动畜牧业向生态、清洁、循环转型升级，形成种养结合、农牧循环的畜禽粪污综合利用新格局。

（三）生态效益

猪场粪污就近就地安全利用，养殖污染得到有效控制，不产生环境污染和人员健康风险，有利于优质水资源的保护，改善农村人居环境和自然环境，推动美丽乡村建设；通过肥料还田利用，改善土壤结构，提升耕地质量，促进农田永续利用，绿色低碳生态。

推荐单位

浙江省畜牧技术推广与种畜禽监测总站
金东区畜牧农机发展中心

华东地区

"柚园养鸡"种养循环模式（浙江省）

一、实例概述

浙江省常山县立足胡柚特色资源优势和产业特点，将土鸡养殖与胡柚种植有机结合，实现土鸡与胡柚园共生互补，探索总结出"柚园养鸡"生态循环立体种养模式。在该模式下土鸡啄食胡柚园中的虫草与落果，产生的鸡粪还园增加土壤肥力，最终生产出生态土鸡、绿色胡柚等优质农产品，实现以环境承载力为基础的种养业生态循环发展。

二、实施地点

浙江省常山县。

三、工艺流程

按照"种养配套、多点分散、划区轮牧"的原则，选用优质的土鸡品种江山白耳黄鸡，通过集中育雏后，在胡柚园地空间进行放牧（图1、图2）。

图1 柚园养鸡（易卫 供图）

华东地区

155

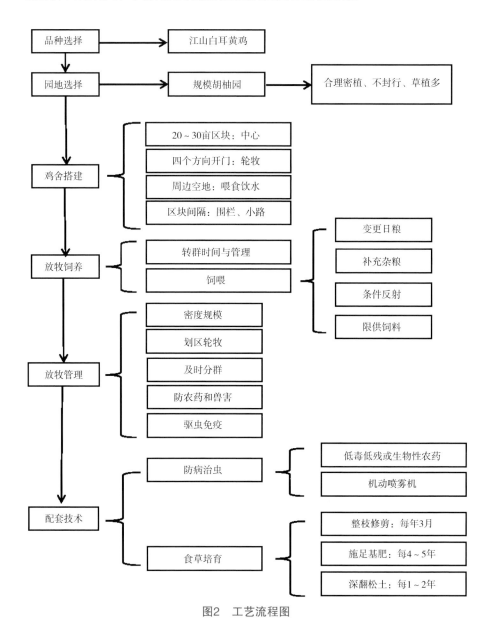

图2　工艺流程图

四、技术要点

（一）鸡舍搭建

选择合理密植或低密度、不密闭、不封行、空间大、草植多的规模连片胡柚柑橘园。园地内水、电方便，又便于和周边隔离，离村庄、主要交通、其他养殖场等有一定距离；山地园地以南坡放牧为好，山坡度不超过30°。同时对放牧地进行分区域规划，以20～30亩为一个区块，根据地势在区块中心地带搭建鸡舍，鸡舍要求简易、严密而又具有一定的保温效果。能防兽害，便于拆迁的活动鸡舍更好。饲养密度应低于10羽/米^2；鸡舍门对着空间最大的方向，一般设计成四个方向，便于不同方向轮牧；鸡舍周边有一定的空闲地，便于喂食饮水；各区之间有围栏隔开，有简易小路连接，便于转群和饲料分送等。

（二）放牧饲养

1. 转群时间与管理

转群安排在夜间进行，前3～4天做好鸡群应激药物的添加。转入前3天，采取圈养方式，食槽和饮水盆放在门口，使其熟悉环境。

2. 变更日粮

转群后最初一周，日粮比例由小鸡料向自配料转化，避免因变更日粮而引起鸡群应激。

3. 饲喂管理

（1）补充杂粮。放牧阶段以园地的草籽虫自然采食为主，辅以糠麸、五谷杂粮、糟、渣等农副产品和瓜、薯、藤粉、牧草等补充饲料。

（2）建立条件反射。经几天适应后，要注意训练鸡群自由觅食，傍晚再将鸡群引回鸡舍，建立条件反射记忆。

（3）限制供料。放牧期，为充分利用胡柚园地上的植被及野生活食，严格控制投料量。一般控制在投喂鸡群舍总量的60%以下，早、晚各投料一次，投料量傍晚多于早上，投料比例以3：7为宜。如放牧地植被丰富，饲养密度低，可鼓励鸡群外出觅食，在傍晚鸡群回舍时投料一次。

（三）放牧管理

1. 放养密度与规模

按每亩胡柚园地种植45株胡柚，配套养殖土鸡20～30羽为宜。如植被好、低密度胡柚园地每亩不超过50羽，鸡舍密度低于10羽/米²时，以20～30亩胡柚园地为一区域进行多点分散饲养；若同群存栏数500羽左右，以小群饲养为宜。否则，规模大、密度高，鸡肉风味下降，鸡群生长不整齐、弱小病残鸡增加，园地特别是鸡舍周边土壤容易板结。

2. 划区轮牧

园地每饲养一批土鸡出栏后，必须禁牧6个月以上，使土壤及生物休养生息，恢复生态。也可根据植被消耗程度，确定停牧的周期。

3. 及时分群

实行公母、鸡群大小、强弱、病健分离分饲，分群放牧，可缩短饲养期，提高经济效益。

4. 防农药、水淹、兽害

园地喷药时，要隔离饲养；牧区内的深水沟、水池、池塘等应采取相应的防范设施，同时对狗、鹰、黄鼠狼、老鼠等采取相应的防范措施。

5. 驱虫和免疫

放牧期鸡易得球虫、蛔虫等寄生虫病，一般球虫可在30日龄时驱虫一次；蛔虫可在70日龄时驱虫一次，在100日龄时再驱虫一次。同时按时进行计划免疫，确保疫苗注射和免疫效果。

（四）配套技术

1. 防病治虫

对柚园喷药治虫时宜选用低毒低残留的农药或生物性农药，避免引起鸡中毒。喷洒前通知养鸡饲养员隔离鸡群，并保持2个小时以上不进入喷药区。喷洒时喷到树枝叶上，以减少药水落地量。

2. 食草培育措施

选择合理密度或低密度的胡柚园，每年3月中旬前进行一定数量的整枝修剪，使柚园不封行，保证园地内阳光直接照到地面的空间；施足基肥，保持良好的肥力，柚园每4～5年普施一次猪栏肥或食用菌渣等；每1～2年在3月中旬前深翻松土一次，最好先深翻后修剪。每批鸡饲养结束后对鸡群活动多的区域进行松土，以提高土壤透光透气吸水能力，恢复生态环境。

五、投资概算与资金筹措

以20~30亩胡柚园地为一区块，养殖500羽白耳黄鸡，养殖6个月进行投资概算，每养一批需投入资金20 100元，养殖成本约为40元/羽，具体如下。

鸡苗采购投入500羽×3元/羽=1 500元。

鸡舍投入60米^2×100元/米^2×0.1=600元（按5年折旧计算）。

饲料、兽药、疫苗以及人工等投入500羽×0.2元/（天·羽）×180天=18 000元。

六、取得成效

（一）经济效益

柚园养鸡可为胡柚种植节约成本650元/亩，土鸡养殖增加收入65元/羽，每亩可增加经济效益2 000元以上。

（二）社会效益

"柚园养鸡"生态循环种养模式，不仅能够使鸡粪得到有效的资源化利用，改善农村人居生活环境，更能提升常山胡柚"共富果"的产业价值，有助于农业增效、农民增收，促进社会和谐稳定。

（三）生态效益

柚园养鸡通过对土地、鸡、胡柚的科学配置，构建优质、高产、节本、增收、安全的生态循环种养模式。

推荐单位

浙江省畜牧技术推广与种畜禽监测总站
常山县养殖业发展中心

华东地区

鸡粪异位发酵床处理模式（安徽省）

一、实例概述

该案例通过鸡粪集中收集+异位发酵床技术路径，年处理畜禽粪污1 450吨，并将腐熟料作为生产有机肥原料或直接还田利用，有效解决畜禽粪污污染问题，并实现鸡粪的无害化、肥料化利用。

二、实施地点

宣城市泾县蔡村镇及周边。

三、工艺流程

合作社集中收集散养户鸡粪，通过平移式投粪机和槽式翻耙（抛）机将鸡粪、垫料、菌种充分混合，并多次添加鸡粪循环发酵，利用有机废弃物微生物好氧发酵技术，完成鸡粪处理，腐熟料作为生产有机肥原料或直接还田利用（图1）。

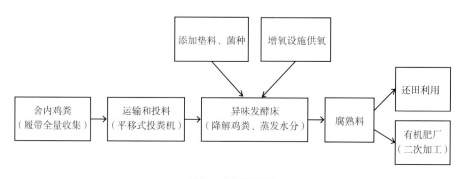

图1 工艺流程图

四、技术要点

（一）适用原料及产出物类型

原料：平养、笼养鸡粪。

辅料：稻壳、锯末、砻糠、粉碎稻草和油菜秸秆、粉碎玉米芯。

产出物类型：主要含有机质的腐殖物，同时有氧气、二氧化碳、水和少量氨气。

（二）工艺技术原理及特点

1. 工艺技术原理

利用有机废弃物微生物好氧发酵技术，通过平移式投粪机和槽式翻耙（抛）机将鸡粪、垫料、菌种充分混合，在一定温度、湿度、碳氮比和好氧条件下，菌种大量繁殖，鸡粪在微生物作用下进行好氧发酵，将粪便中的有机物降解并转化为氧气、二氧化碳、水、腐殖物。同时，多次添加鸡粪循环发酵，完成鸡粪处理，腐熟料作为生产有机肥原料或直接还田利用。

2. 特点

鸡粪异位发酵床处理技术是一项比较经济的"减量化、资源化、生态化"的畜禽粪污综合处理技术。

（三）核心设施设备及关键参数

1. 设施设备

鸡粪履带收集设施、发酵舍、发酵槽、投粪机、翻耙（抛）机。

2. 关键参数

（1）选址。在家禽养殖场主导风向的下风向或侧风向，与养殖场生产区和居民生活区等建筑的卫生防护距离不得小于50米，与各类功能地表水体距离不得小于400米，应具备地下水位低、向阳、通风良好、干燥、交通方便等条件。

（2）发酵舍。结构骨架优先使用木质结构，便于防腐，也可采用钢筋混凝土或轻钢结构，屋面全部铺设阳光板，屋顶采用歇山式重檐设计，形成屋顶侧气窗，屋脊高度不应小于4.5米，屋檐高度不应小于3米，屋顶侧气窗高度0.5～0.8

米，长度与发酵槽长度匹配。

（3）发酵槽。发酵槽宽度和高度应根据槽式翻耙（抛）机翻耙（抛）宽度和深度确定，一般宽4~15米，高1.2~1.8米。发酵槽采用混凝土地面，底部铺设多孔径增氧管道。地下式发酵槽要做好防水。

（4）添加垫料。用农作物秸秆时应粉碎，直径不大于2厘米。垫料厚度1.2~1.6米，发酵槽垫料堆体用翻耙（抛）机翻耙（抛），使其表面平整。

（5）添加菌种。按说明书要求确定菌种首次添加量，添加前先将菌种、玉米粉和垫料按1∶5∶10的比例预混合，再均匀撒在发酵槽垫料表面。

（6）发酵。经24小时物料中心部位温度上升至45℃，48小时后中心部位温度达到60℃以上，进入正常发酵环节。在此温度下保持24小时后，再行下次鸡粪投料，此后每天的温度要维持在55~65℃。当物料中心部位温度接近65℃宜翻耙（抛）1次。

（7）日常管理。每立方米垫料平均可日处理鸡粪30千克，每存栏10 000羽家禽发酵槽容积不少于50米³。垫料、菌种及鸡粪混匀后的适宜含水率控制在50%~60%，判断标准为手握物料成团，指缝有水但不滴水。用堆肥发酵温度计测定物料表面以下0.5米和底部以上0.5米之间的中心部位温度变化情况，在正常发酵过程中，中心部位温度不宜低于45℃，且不宜高于70℃，温度异常应采取响应调控措施。

五、投资概算及资金筹措

收支成本核算：100万羽肉鸡年产粪肥约1 450吨，按市场价300元/吨销售，预计收入43.5万元，基本维持运行成本。

六、取得成效

（一）经济效益

合作种植业大户，农作物产量、品质得到了显著提高，经济收益明显提升。

（二）社会效益

带动辐射周边农户，解决了部分农村剩余劳动力；为改善区域环境条件起到了引领示范作用。

（三）生态效益

减少了畜禽污染对环境的排放量，减少了畜禽污染对周边居民和水系的影响，改善了周边农村和城镇的生态环境，对改善居民生活条件和提升健康水平起到了重要作用。

推荐单位

安徽省畜牧技术推广总站
安徽省宣城市泾县畜牧兽医水产服务中心

华东地区

肉鸭高床养殖粪便堆肥模式（安徽省）

一、实例概述

集肉鸭网上养殖和网下垫料固态发酵于一体，建立新鲜粪便快速好氧发酵控制臭气技术和工艺。经过3年的推广实践，目前已共建肉鸭养殖臭气减控模式棚舍200多栋，每栋每批次饲养量超过1万羽，极大地改善了环境条件，减少了肉鸭粪便产生的臭气。

二、实施地点

安徽省亳州市蒙城县。

三、工艺流程

蒙城县乐土镇肉鸭高床养殖臭气减控工艺流程如图1所示。

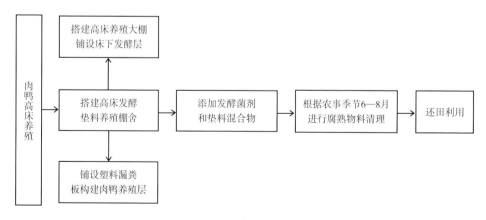

图1　工艺流程图

四、技术要点

（一）肉鸭高床养殖大棚建设

1. 选址要求

选择地势高平、通风干燥，周边交通方便，水质清洁卫生区域。

2. 单棚设计要求

单棚要求宽度12～14米，长度100～120米；檐高2.6～2.8米，顶高5.5米左右，棚顶弧度便于清除积雪、防风灾，棚顶宜增加防火布。

3. 多棚设计要求

多棚设计的棚与棚之间距离应不低于8米，两棚之间宜铺设便道，方便抓鸭和车辆进出。

4. 节水养殖配套设施建设

（1）大棚两侧垛墙。墙高1.0～1.1米，铺设漏粪板后网面高度1.2米。

（2）大棚两侧双层卷帘。底层卷帘的卡槽高度要高于漏粪板面50厘米，上层卷膜使用与棚顶材料一致的黑白膜，下层卷膜使用绿白膜，有利于减少肉鸭啄羽现象。

（3）风机要求。宜安装6～8个风机，其中应含有1～2台变频风机，方便调节通风量，风机安装应符合GB 50275—2010要求，电线应符合电器负荷要求，控制器安装位置应符合方便使用、安全操作要求。

（4）雾线安装。棚内应安装雾线，要求雾化效果良好，不宜形成水滴，便于夏季降温和棚内喷洒专用除臭菌剂。

（5）锅炉要求。应采用暖风锅炉或水暖锅炉，应按照生态环境保护要求选择燃料类型。锅炉房应独立于养殖大棚外建设，火灾防范应符合GB/T 5907.2—2015要求。

（6）用电要求。应安装漏电保护器，风机主线应铺设在棚外，照明线路应单股铜线，火线、零线应分开铺设，灯头应具有防水功能，电线应符合GB 50168—2018要求。

（7）水线要求。水线横向安装于鸭舍分栏隔网中间位置，高度以肉鸭能够舒适地饮用到水为宜。要求全部使用乳头式饮水器，水线高度可升降，为防止水分进入发酵垫料，水线正下方需配备集水槽。水线水压不宜过大，以防雏鸭饮不到水或喷至发酵垫料内，发现饮水器漏水应及时更换（图2）。

图2　电路、水线、料线的安装（孙惠芳　供图）

（二）肉鸭高床养殖模式设计

1. 养殖层面布置

养殖层面离地高度约1.2米，采用拼装式塑料漏粪板，可拆卸拼装，易于清洗、消毒和维修。

2. 发酵物料铺设

发酵物料铺设有两种模式，可根据实际情况选择确定。

（1）逐层添加发酵物料。初期发酵料厚度约10厘米，根据肉鸭生长状况，30日龄、40日龄分别补充发酵物料和专用菌种，每次添加厚度5~7厘米，日常应收集存储好发酵物料备用。

（2）机械翻耙模式。在养殖层面以下，一次性添加全部发酵物料和专用发酵菌种，垫料厚度约60厘米，配套安装翻耙机；在肉鸭生长20日龄后，每3天翻耙一次，确保物料处于好氧发酵状态，根据发酵物料状况，定期补充发酵物料和专用菌种。

（3）棚内地面处理要求。素土夯实处理地面，达到防渗要求，基础地面高于周边地面5~10厘米，设排水沟，避免地表水返渗到发酵物料中。

（三）发酵物料的制备

1. 发酵物料的原料准备

发酵物料应以干燥、吸水性强、透气效果较好、来源广泛的本地农作物秸秆为主要原料。秸秆切成2~4厘米并揉成丝状，形成透气良好的基础原料，也可适当添加蓬松度和长短与秸秆相近的其他原料，如稻壳、玉米芯粒、蘑菇渣、花生壳等形成配方，添加比例控制在20%以下。发酵垫料原料宜贮存在通风干燥处，并做好防霉措施。

2. 发酵物料的制作方法

发酵物料使用菌种为专用发酵菌种（非腐熟菌种）。发酵物料制作方法：以1 500米^{2}的养殖大棚一次性制备铺设高度10厘米左右的发酵垫料为例，将60千克糖蜜溶于约3 000千克的清洁水中，均匀混合喷洒于3 000千克干秸秆中，含水量控制在50%~55%，再将30~60千克的专用发酵菌种均匀混合于秸秆中，建堆1.5米以上，并盖上塑料薄膜压实，连续发酵7~10天，待秸秆出现酸香味后，即可终止发酵，晾干后即可使用；制备好的发酵物料如不能及时使用，应装袋后存放于阴凉通风处待用。

3. 发酵物料的铺设

根据不同发酵物料层的制作方式。铺设底层物料，底层物料应干燥无霉变；在铺平的底层物料上均匀铺撒发酵物料，厚度约5厘米，并翻耙均匀，3天后即可使用。

（四）肉鸭高床养殖臭气减控的日常管理

1. 水分控制

发酵物料含水量是影响其处理粪污效率的关键因素。发酵物料含水量应控制在60%以内，当含水率高于70%时会进入厌氧发酵状态，产生臭气和黑臭污水。

2.发酵物料和菌种的补充

根据发酵物料的运行情况及棚内环境状态，确定补充发酵物料和菌种频率；一般情况下，每个饲养周期补充专用发酵菌种1次，添加量应根据发酵物料层的高度确定使用效果。

五、投资概算与资金筹措

每个肉鸭高床发酵垫料大棚投资约30万，其中棚舍主体结构10万元，由养殖户出资；可拆解式网床10万元，由公司提供；其他设施设备10万元，由公司借款给养殖户。

目前共计建设200个高床发酵垫料大棚，总投资6 000万元。公司累计投入4 000万，养殖户自己投入2 000万。

六、取得成效

（一）经济效益

增加20%的养殖量、节省劳动力30%，显著增加养殖户收入，腐熟鸭粪秸秆是优质农家肥。

（二）社会效益

肉鸭高床养殖臭气减控技术，解决了肉鸭养殖场的臭味问题，周边居民的满意度增高，实现了经济与环境质量的同步发展。

（三）生态效益

显著减轻肉鸭养殖过程中的臭味问题，提升了周边居民的满意度，有效减少投诉。

推荐单位

安徽省畜牧推广总站
安徽省蒙城县畜牧兽医水产发展中心

华东地区

168

散养家禽围栏垫料圈养模式（江苏省）

一、实例概述

以村为单位定期收集散养户粪污至非露天堆肥场，粪污经处理后作为农家肥料进行就地还田利用。

二、实施地点

江苏省南京市高淳区。

三、工艺流程（图1）

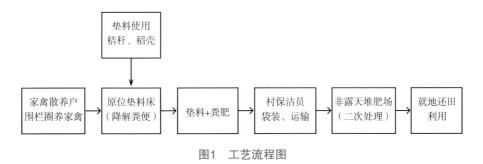

图1 工艺流程图

1. 粪污收集

在围栏中均匀铺设秸秆、稻壳等垫料，散养户的家禽在围栏中圈养，产生的粪便及垫料由农户自行清出（一般一周一次），定时由各自然村保洁员上门装袋收集。

2. 粪污处理

保洁员将袋装的粪污就近运至周边田间地头旁建设的非露天堆粪场堆沤发酵

处理2个月以上。

3. 还田利用

农户按照先进先出的原则，将处理好的粪肥根据种植需求，季节性就地用于菜地、果树还田利用（秋施或冬施）。

四、技术要点

1. 围栏建设

一是选用的材质与美丽乡村、宜居村建设风格一致，并与周边环境相协调；二是设置高度1.5米及以上，必要时可用护栏网围挡，防家禽逃逸出围栏外；三是围栏安装需稳固，防倾倒（图2、图3）。

图2 散养家禽铁质围栏（杨晓伟 供图）　　图3 散养家禽木质围栏（杨晓伟 供图）

2. 底座建设

采用砖混结构，设置高度20～30厘米，防止垫料及粪污溢出。

3. 厩舍建设

采用砖混结构，大小必须与围栏建设、养殖、品种、数量相适应，比例协调（图4）。

华东地区

图4 散养家禽厩舍（杨晓伟 供图）

4.非露天堆粪场建设

按照就近就地利用原则，一般以自然村为单元，建设与养殖规模相适应的非露天堆粪场。堆粪场采用砖混结构，上有顶，地面硬化，达到防雨、防渗、防漏要求。堆粪场设计容积参考《畜禽粪便贮存设施设计要求》，目前高淳区按100只家禽至少1米^{3}的场地测算进行建设，并保证一定的堆沤发酵时间，方可还田利用（图5）。

华东地区

图5 非露天堆粪场（杨晓伟 供图）

5. 其他事项

家禽散养户做好日常环境卫生工作，要求做到养殖围栏外无粪污遗撒，及时清理圈舍粪污袋装，由村保洁员上门收集运至各自然村非露天堆粪场发酵处理。对病死家禽尸体及时处理，按有关规定处置，严禁随意丢弃。

五、投资概算及资金筹措

至2022年，以高淳区5个试点行政村测算，对该模式的建设发展已投入资金约200万元，主要用于围栏、底座、厕舍、非露天堆粪场建设，其中建设了围栏（含底座）5 550米，大约155万元；厕舍227个，大约30万元；非露天堆粪场10个，大约11万元，同时制作安装标识牌等，大约0.6万元。另外，村保洁员清运等费用由所在村相关经费予以支持解决。

六、取得成效

通过两年多时间的建设运行，南京市高淳区散养家禽围栏垫料圈养模式取得良好的效益。一是畜禽养殖圈养率达到100%，散养户畜禽养殖污染得到有效治理，粪污得到有效利用。二是规范养殖行为，引导村民自觉形成良好生活习惯，农村卫生环境整治整体水平得到提升，促进了美丽乡村建设。三是有效促进了动物疫病防控工作开展，减少重大动物疫病传播风险。四是集中收集堆肥腐熟发酵生产的有机肥，免费用于自有农田施用，调动了粪肥施用积极性，减少化学肥料施用量1%~2%。

推荐单位

江苏省农业农村厅畜牧业处
南京市高淳区农业农村局

华东地区

28 沼液粪肥社会化服务还田利用模式（江苏省）

一、案例概述

通过对畜禽粪污社会化服务主体实施粪肥还田奖补、服务评比奖补等方式，培育服务组织16家，服务范围覆盖14个镇（区、街道），对接1 160多个畜禽养殖场（户）、640个种植园区并签订服务协议，对接农田面积10.2万亩。

二、实施地点

江苏省如皋市。

三、工艺流程

社会化服务组织与畜禽养殖场（户）、种植园（户）签订合作协议，提供粪污收集处理施用等社会化服务。服务组织集中收集畜禽粪污至畜禽粪污收集中转中心（图1），粪污在厌氧池中进行高效厌氧发酵，产生的沼液经管道输送到陈化池，经第三方检测公司检测合格后，再由服务组织以追肥方式施用至农田或运输至田间贮存池以备后用（图2）。技术路线见图3。

四、技术要点

沼液自然陈化，陈化池中沼液停留时间为夏季不少于30天，冬季不少于60天。沼液作追肥施用，每年在水稻种植后施用沼液追肥一次，沼液施用量为2.0～2.5吨/亩。

华东地区

图1 畜禽粪污收集中转中心（周昌龙 供图）

图2 田间贮存池（周昌龙 供图）

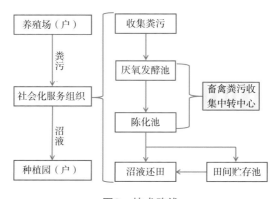

图3 技术路线

174

（一）施肥时间

每年水稻拔节期的7月中旬至8月上旬进行沼液喷灌。

（二）预处理

已发酵待施用的液体粪肥（即沼液）在还田前，作为追肥需要进行1∶1稀释预处理后再还田施用。

（三）施用量

作为追肥施入田间，每亩地施用液体粪肥约2.0吨/年。

（四）施用方法

通过管道或专用车辆喷施粪肥，以保证均匀施用于土壤。

（五）配施化肥

（1）方法一。在插秧前旋耕时按40千克/亩施入30%（15∶6∶9）复合肥，分蘖期在追施尿素7.3千克/亩。

（2）方法二。在插秧前旋耕时按40千克/亩施入46%（30∶4∶12）缓释肥，分蘖期不施肥。

五、投资概算与资金筹措

投入资金大约2 580万元，在6个养殖大镇分别建立畜禽粪污收集中转中心，并购置配套服务车辆等。14个镇（区、街道）由16个畜禽粪污社会化服务组织分片区提供粪污收集、运输、施用等服务。

运营成本以本市服务车辆、设备及年均服务面积进行测算，大致如下：人工费用60元/亩，粪污、沼液收集及施用成本50元/亩，沼液运输车辆、喷施设备等折旧40元/亩，检测费用3 000元/个，运营费用主要来源于由服务组织适当向养殖、种植两端主体收取的费用以及政府的适当补助。

六、取得成效

（一）经济效益

与常规施肥相比，沼液替代50%尿素追施情况下，可保障水稻产量，能减少施肥成本15.7元/亩。

（二）社会效益

1. 惠民众

利用社会化服务组织将种植园（户）和养殖场（户）联合起来，粪肥还田可减少化肥使用量，降低生产成本，施用粪肥后进一步促进作物增产、增收。

2. 增产量

相比于常规施用化肥的地块，施用畜禽粪肥的地块，水稻平均增量可达2千克/亩左右。

（三）生态效益

1. 化肥减施

与常规施化肥水稻田相比，猪粪沼液替代50%的尿素追肥的水稻田，每亩减少7.3千克的氮肥施用，减少施用量达20%以上。

2. 改良土壤

猪粪沼液替代50%的尿素追肥使土壤有机质含量由23.5克/千克提高到24.1克/千克，相比常规施肥的土壤，有效磷、速效钾分别提高23%、33.62%，土壤肥力明显提高。

推荐单位

江苏省农业农村厅畜牧业处
如皋市畜牧兽医站

华东地区

29 家庭农场"猪-沼-果"种养循环利用模式（福建省）

一、实例概述

家庭农场拥有300亩山地，主要养殖香猪和鸡鸭，生产的粪污有配套的消纳土地，种植各类果树210亩，林地50亩，在农场园区内形成了基于"猪-沼-果"的资源化利用模式，减少了粪污污染，促进作物生长，提高了种养双向的经济效益。

二、实施地点

福建省南安市霞美镇梧坑村。

三、工艺流程

场区固液分离后的干粪，经过一段时间发酵后作为有机肥施用到果园；粪污的液体部分进入沼气池发酵后，通过固定管道于储液池暂时存放，产生的沼气用于燃烧照明，沼液根据后期施肥需求，通过管网输送至种植园。

模式如下（图1）。

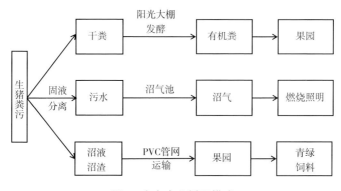

图1 生态农业循环模式

177

四、技术要点

已建成沼气池、储液池、阳光大棚等设施，配备固液分离机、沼液运输车、肥料运输车及沼液运输管网（图2、图3）。根据粪污还田、种养对接、就地消纳的原则，配套建有阳光棚50米^2，沼气池50米^3，导管3 000米，运输有机肥车辆1辆等。

目前，210亩的种植园种植苗木5 000多棵，主要作物为春夏杜果、莲雾、杨梅；秋冬柑橘、柠檬、橄榄等。粪肥施用15吨/季，沼液施用20吨/月，共节约化肥施用量15吨/季。

图2　粪污储液桶（杨家飞 供图）　　　　图3　输送管网（杨家飞 供图）

五、投资概算及资金筹措

（一）设施设备投资

粪污储液桶1个50米^3、投资0.3万元，沼气池50米^3、投资1.5万元，阳光大棚50米^2、投资1.6万元，固液分离机1台、投资1.4万元，沼液运输车1辆、投资5万元，沼液输送管网3 000米、投资0.6万元，抽污水机1台，投资0.2万元等。所以，南安市绿清家庭农场资源化利用改造所需各项设施设备为10.6万元，该费用内包含人工费用，且都是自筹费用。

（二）运行费用

运转维护费用主要为抽污水机的电费约0.25万元/年、沼液运输费用0.6万元/年、沼气池清渣费约0.15万元/年和管道维护费用约0.1万元/年，合计约1.1万元/年。

六、取得成效

（一）经济效益

通过粪污资源化利用全年可生产有机肥360吨，节省农业生产所需肥料成本2.3万元及污水处理费用1.5万元。每年产出的杨梅、莲雾等水果作物收入达10万元，促进了农场农业收益，种植牧草作为鸡鸭饲料和生猪的青绿饲料，每年可节省畜禽饲料成本约8.0万元，降低了养殖成本。使农场生产增收、增效，每年可为农场创造20万元以上的利润。

（二）社会效益

畜禽粪污资源化利用技术是科学的、可持续的发展模式，在取得显著经济成效的同时，在当地发挥了良好的示范带头作用。

（三）生态效益

解决了养殖场的环保问题，改善了周边环境，促进了生态农业的发展，实现了农业的无公害生产，使畜禽粪污变废为宝转变为有机肥，降低了农药、化肥的使用量，对促进农村生态环境良性循环发挥了重大作用。

推荐单位

福建省畜牧总站
福建南安市畜牧站

30 鹅粪全量还田利用模式（福建省）

一、实例概述

针对原有大量肉鹅养殖粪污污染问题，诏安县鹅场采用"鹅-沼-果（菜、林）"粪污资源化利用技术模式，建立了相应配套设施，肉鹅产量骤增，促进了当地农业良性循环发展。诏安县全县已完成改造鹅场（户）403家。

二、实施地点

福建省漳州市诏安县四都镇。

三、工艺流程

肉鹅养殖一般产生三种养殖废弃物，病死鹅、鹅粪和污水。病死鹅基本运至位于诏安县四都镇的病死畜禽无害化集中处理厂处理，处理后的产物作为有机肥的原料加工成有机肥销往各种植户，少部分的病死鹅投进自建的化尸池。鹅粪通过干清粪收集到储粪池内，堆肥发酵后成为农家肥运至种植户施用。污水通过管道收集至沼气池内进行发酵，沼气池产生的沼液流入储液池中贮存，利用抽水机将储液池的沼液运输到周边果树、菜地等消纳地进行利用。沼气池产生的沼气作为生活燃料进行利用（图1）。

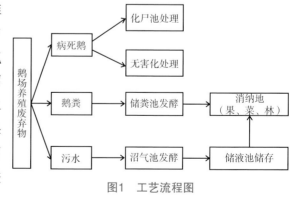

图1　工艺流程图

四、技术要点

（一）全面实行干清粪工艺

场区及时清粪，将鹅粪倒入储粪池，通过堆肥发酵制取有机肥，并记录有机肥施用去向及用量（图2）。

图2　堆肥场地（李益彬 供图）

（二）实行雨污分流，建造储液池

场内污管改明沟为暗沟，做到"滴雨不进"雨污彻底分流。储液池内需水泥硬化或用黑膜覆盖，防止污水渗漏，四周建造高出地面0.3~0.5米的围墙，防止雨水流入池内，池周设置有0.8米高以上的围网和警示标志（图3）。

图3　储液池（李益彬 供图）

华东地区

181

（三）建造沼气池

沼气池容积按年最大存栏肉鹅计算，每羽配套0.1米^3（图4）。

图4　沼气池（李益彬 供图）

（四）建造储粪池

储粪池容积按最大存栏灰鹅每羽配套0.01米^3，储粪池要求搭盖顶棚，防止雨水进入池内且池底需用水泥固化，防止渗漏污染，鹅粪发酵45天以上方可施用。

（五）建造化尸池

容积按最大存栏灰鹅计算，每羽配套0.004米^3。

（六）配套粪污消纳地和管网

建立鹅-沼-果（草、林、菜、茶等）种养结合，消纳地按最大存栏灰鹅计算，每羽配套0.02亩，每羽配套消纳地污水管网0.2米，每场配套1台抽污水机。消纳地需要有相对应的用地证明或农户签订合作协议。

五、投资概算与资金筹措

以养鹅户为例，养鹅户改造所需各项设施设备为19 760元，该费用包含人工费用，均为自筹费用。

后期运转维护费用主要为抽污水机的电费约1 000元/年、沼气池清渣费约1 000元/年和管道维护费用约500元/年，合计约2 500元/年。

六、取得成效

（一）经济效益

该粪污资源化利用技术建设和运行成本低，建设费用仅需约2万元，后期运行费用0.25万元/年，有效节约了环保投资成本，同时实现了鹅养殖业增产增值。

（二）社会效益

养殖户通过养鹅能建立稳定的经济收入来源，培养了养殖户的生态环保和粪污资源化利用的意识。

（三）生态效益

养鹅户产生的粪污资源化利用后，减少了环境污染，改善了广大农村的生产生活环境，进一步改善土壤肥力，减少了化肥施用量。有效提高农作物产品产量与质量。

推荐单位

福建省畜牧总站
福建诏安县畜牧技术服务站

牛场粪污"微生物+发酵垫料"零污水模式
（广西壮族自治区）

一、实例概述

牛场粪污处理采用"微生物+发酵垫料"零污水模式，有效减少粪污的直接排放，发酵完全的垫料作为有机肥施用于田，实现粪污资源化利用及增产增值的双赢局面。

二、实施地点

广西壮族自治区河池市都安瑶族自治县东庙乡安宁村。

三、工艺流程

在牛场粪污"微生物+发酵垫料"零污水养殖模式下，牛场养殖以谷壳、木糠为养殖垫料，添加微生物菌剂进一步发酵，牛粪污直接排泄至垫料，实现了零污水排放，减少了污水处理环节。垫料根据实际情况，约半年清理并更换一次，期间根据含水率及发酵进度及时添加新的垫料。已完全发酵好的物料可以直接作为农家肥施用（图1）。

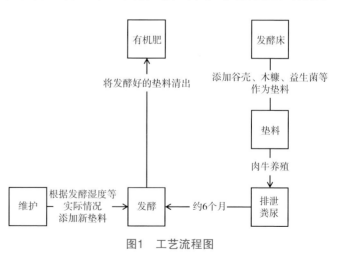

图1　工艺流程图

华南地区

184

四、技术要点

（一）发酵床建设

1. 发酵床

四周用砖墙砌高60～80厘米，砖墙面及底面用水泥砂浆或无砂披灰抹面防渗漏。

2. 通道

单列式牛舍在一侧，双列式牛舍在牛舍的中间设计通道，宽2.0～2.2米。

3. 屋顶

采用彩钢瓦材料，中间间隔使用采光瓦。

4. 饮水池

也称饮水槽，每栏设1～2个，距发酵床面40～60厘米。

5. 食槽

位于通道两边，呈半圆形，最凹处低于通道水平面约30厘米，槽宽约40厘米，与牛舍等长。

（二）垫料选择

发酵床的垫料选择以当地易得、价格低廉、经济适用为原则，可全部使用木糠或锯末，亦可使用木糠和谷壳混合垫料（配比为3∶2）。如果木糠难寻，可用稻壳、农作物秸秆代替，但木糠量不得低于55%。

（三）发酵床制作

1. 选择菌种

从正规厂家购买性价比高、经济、便于操作保存的菌种。

2. 垫料处理

在底部均匀铺设一层厚度为10～15厘米木糠（或者混合垫料），控制好垫料湿度，然后使用喷雾器将益生菌喷洒在垫料上。益生菌的使用方法因菌种产品的不同会有所差异，按产品说明书操作即可。

（四）发酵床维护

1.垫料补充

发酵床在消化分解牛粪尿的同时，会逐步损耗，床面出现沉降，湿度也会增大，需适时补充垫料。

2.日常管理

要注意发酵床水分的含量，如果水分过高则要添加垫料或及时清理。

3.垫料清理

一般每季度或半年清理一次粪污垫料。

4.垫料利用

清圈后的发酵床垫料可用于农业种植或生产有机肥。

五、投资概算与资金筹措

肉牛发酵床建设成本约300元/米^2。资金为自筹。

六、取得成效

（一）经济效益

牛场一年可处理粪污750吨，生产有机肥150吨，施肥面积约70亩，比施用化肥每亩可节约成本200元。

采用"微生物+发酵垫料"生态养殖模式，一方面，牛生长环境良好，发病率低，可减少诊治费用；另一方面有效减少了清理粪污工作量，可节省人员费用开支。经测算，采用该模式，每头牛可以增收250元。

（二）社会效益

1.促进农民持续增收

将牛场粪污转变为有机肥，变废为宝，既减少了环境污染，又拓宽了农民增收渠道；既推动有机肥替代化肥，又提高了农作物抗性，减轻病虫害的发生，降低农药使用量，从而节约种植成本，促进农民增收。

华南地区

2.改善农村居住环境

有效减少畜禽粪污排放、减轻养殖气味污染，从而改善农村居住环境，推动了美丽乡村建设。

（三）生态效益

1.提高粪污资源化利用

用益生菌处理垫料后铺上牛床，液体粪污在发酵床上被吸收、蒸发，粪污满床时只有固体，无液体粪污排放。所产生的粪污垫料可供种植合作社和养殖场附近农户消纳，用于种植玉米、牧草、蔬菜、水果等。养殖全过程生态化，场内无排污口，无刺鼻的臭味，达到零排放零污染。粪污资源化综合利用率达100%。

2.提升耕地质量

发酵床垫料制成有机肥还田（地）利用，可有效提升土壤有机质含量，改善土壤结构，提升耕地质量，促进农田土壤高质量可持续利用。

3.保护生态环境

使用发酵床养殖肉牛，不仅能有效减少养殖粪污排放，还可降低COD（化学需氧量）和氨氮排放，减少化肥、农药的施用量，有效控制农业面源污染，改善农田生态环境，保护优质的水资源。

推荐单位

都安瑶族自治县畜牧站
广西壮族自治区畜牧站

华南地区

32 粪污固液分离全量还田模式（广西壮族自治区）

一、实例概述

养殖场收集的固体粪污在堆粪棚内与秸秆和木屑等农业固体废弃物混合堆积发酵2~3个月达到腐熟形成有机肥。液体粪污经过储液池3个月贮存发酵形成液态肥。有机肥和液态肥均全量施入配套果园进行利用，实现了畜禽粪污高效资源化利用。

二、实施地点

广西壮族自治区钦州市浦北县江城街道办事处。

三、工艺流程

养殖场内铺设漏缝地板，下设深坑，防渗漏、防溢流，实现固体粪污和液体粪污分别贮存。养殖过程严格控制冲洗猪舍次数，肉猪出栏后统一采用高压水枪冲洗，从源头减少污水的产生，坑内尿液及污水经管道泵输送至储液池进行贮存发酵处理。固体粪便以干清粪的形式进行收集，再通过集粪车辆运输到储粪棚进行堆肥处理，形成的有机肥料应用到果树林提高土壤肥力。场内粪污进行固液分离处理，分离出的固体粪污通过集粪车运送至储粪棚进行堆肥发酵，分离出的污水、尿液通过总地下管道输送到储液池内进行自然熟化，之后再通过污水输送支管道定时对养殖场周边荔枝林进行灌溉施肥。施肥按照120~150吨/公顷的粪水用量，通过深沟施肥、灌溉混合叶面喷洒等方式，实现粪水的有效消纳，为果树生长提供充足的有机肥料（图1）。

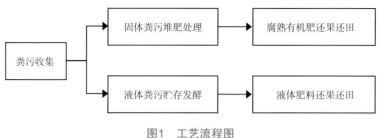

图1　工艺流程图

四、技术要点

（一）收集

粪便日产日清，及时运至储粪棚（图2）进行堆肥发酵处理。养殖场内做到雨污分流，净污道分开，防止粪便运输过程中造成环境污染。

图2　储粪棚（韦宇　供图）

每条猪舍建造1个污水收集池，加盖密封，容积1～2米³。畜舍内的尿液或污水先流入收集池，再汇集至储液池（图3）进行腐熟处理。舍外部分粪尿沟加盖遮挡板，防止雨水流入。

图3 储液池（韦宇 供图）

（二）贮存

固体粪污集中运输至储粪棚内贮存，储粪棚建设标准：0.1米²/头猪（出栏）。储液池需防雨、防渗。尿液、污水在储液池存放3个月后通过管道输送至果山进行浇灌（图4）。储液池建设标准：0.5米³/头猪（出栏）。

图4 污水输送支管道（韦宇 供图）

（三）处理

固体粪便在储粪棚内堆肥发酵2~3个月。粪便过稀不便于堆肥时，可加入秸秆、废木屑、谷壳等混合堆肥，添加比例一般为10%~20%。储粪棚需通风良

华南地区

好，防雨、防渗、防溢出。

五、投资概算与资金筹措

（一）设施设备投资

投入资金约15万元（项目资金、自筹）。漏缝地板150米^2、贮液池180米^3、污水输送主管道93米、污水输送支管道600米、储粪棚40.04米^2、污水输送泵2台。

（二）运行费用

主要为人工维护、监测费用，约2 000元/年（自筹）。

六、取得成效

（一）经济效益

养殖场产生的粪污处理费用为10元/吨，每公顷地1 050元，可节约750~1 200元化肥用量，荔枝产量提高4 500~7 500千克，每年可节约种植成本5万~10万元，有效促进种植业增产增收。

（二）社会效益

通过配套畜禽粪污处理利用设施（包括储粪棚、集粪车、储液池、输送管道等），固体粪污经堆沤腐熟后还田利用，液体粪污经贮存发酵后用于农作物灌溉施肥，形成了经济、高效、可持续的畜禽粪污资源化综合利用模式，为发展绿色畜牧业奠定了坚实基础。

（三）生态效益

养殖场采用源头节水、雨污分流、堆肥发酵、种养结合等技术的养殖模式，从源头减量，实现养殖场畜禽粪污资源化利用率达到90%以上，减少了粪污外排的污染现象。

推荐单位

浦北县畜牧站
广西壮族自治区畜牧站

华南地区

191

33 粪污厌氧发酵种养结合模式（广西壮族自治区）

一、实例概述

家庭农场通过积极改建畜舍，实现雨污分流、配备漏缝地板、建设堆粪场和沼气池等粪污处理设施，有效提高了粪污资源化利用效率。其中，固体粪污经过堆粪场堆积发酵后还田利用，液体粪污进行沼气池发酵，沼气作为生活能源利用，沼液作为肥料施入农田，形成了"养殖-沼肥-种植-生态农业"一体化的生态循环种养模式。

二、实施地点

广西壮族自治区贵港市平南县平南街道罗新村。

三、工艺流程

家庭农场采用"养殖-沼肥-种植-生态农业"一体化的生态循环种养模式（图1）。农场的养殖栏舍面积为280米^2，有能繁母猪7头，保育猪25头，育肥猪70头，每天产生的粪污量约为1.02吨。农场实行雨污分流，配套建设有沼气池、储液池、储粪房等粪污处理设施。生猪养殖采用干清粪，固体粪污在储粪房进行堆肥发酵后还田利用，液体粪污则通过沼气池进行发酵处理，产生

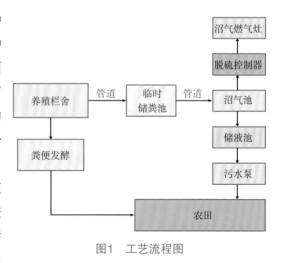

图1　工艺流程图

华南地区

192

的沼液、沼渣全部用作农作物肥料，产生的沼气则用于农场的日常生活燃料等。

四、技术要点

（一）配套粪污处理利用设施设备

家庭农场养殖栏舍面积280米^2，每头生猪1.5米^{2}栏舍配比，可养殖180头生猪。按照每年两批的出栏量计算，可年出栏育肥猪360头。农场配备有漏缝栏舍、防溢漏饮水器；建设有沼气池50米^3、储液池200米^3、临时储粪池15米^3、储粪房50米^2；购置污水泵、沼气脱硫控制器、沼气燃气炉等设施设备。

（二）消纳土地

农场种植有蔬菜2亩，水稻60亩，果树3亩，以全量消纳本场的生猪粪污。

（三）种养结合

生猪养殖产生的固体粪污在储粪房堆肥发酵后还田利用，液体粪污经沼气池发酵后，沼液、沼渣全部用作种植肥料就近就地还田利用，沼气则作为用于农场的日常生活燃料，提高了粪污资源化利用效率。

五、投资概算与资金筹措

家庭农场原养殖栏舍是传统栏舍，主体为砖混结构，星铁棚盖顶。2018年，家庭农场投入58万余元对原有的传统养猪栏舍进行改造，建设高架网床栏舍100米^2、低架网床栏舍180米^2、储液池200米^3、沼气池50米^3、储粪房50米^2，采购污水泵、污水输送管、自动刮粪设备、沼气脱硫控制器、沼气燃气灶等设备。

六、取得成效

（一）经济效益

1. 水稻种植收益

家庭农场种有水稻60亩，综合化肥节省开销和稻田增收情况，家庭农场使用粪肥种植水稻后增加收入3万元。

2. 蔬菜种植收益

家庭农场种有蔬菜2亩，蔬菜种植每年可为农场增加利润0.8万元（图2）。

3. 果树种植效益

农场将沼渣用于种植石硖龙眼，龙眼果口感甘甜，皮薄肉脆，价格可比普通的高1元/千克，每年还未上市就被收购商提前预订（图3）。

（二）社会效益

家庭农场通过种养结合，实现农牧循环发展，提高了耕地质量，降低种植成本，提升农作物品质，拓宽了收入渠道。

（三）生态效益

家庭农场严格控制生产用水，

图2　蔬菜消纳地（张健　供图）

图3　龙眼树消纳地（张健　供图）

通过改造漏缝栏舍、安装防溢漏饮水器等措施，从源头减少了粪污产生量不仅节省了农田化肥投入量，还提高了土壤的肥力，不仅提高了农场收入，还保护了生态环境，实现一举多得。

推荐单位

平南县农业农村局
广西壮族自治区畜牧站

华南地区

34　粪污条垛覆膜式好氧堆肥模式（广东省）

一、实例概述

以肉鸽粪污集中收集处理为核心厂区内建设条垛覆膜式好氧堆肥系统，集中收集处理本厂区和合作社散养户肉鸽养殖所产生的粪污进行有机肥生产，部分有机肥在周边还田利用，其余部分经过处理作为商品有机肥出售。

二、实施地点

广东省清远市佛冈县。

三、工艺流程

厂房内搭建一套100米³/次处理规模的覆膜式好氧堆肥系统，可处理6万羽肉鸽存栏的养殖场粪污。每两周进行一次人工清粪，粪污运至堆粪棚进行条垛覆膜式好氧堆肥。堆肥采用自动鼓风控制系统，经过高温好氧发酵，有效杀死粪便中的虫卵及成虫，软化分解粪便中的羽毛等杂质。发酵成熟的物料经挤压造粒机生产成有机肥，每次约20吨成品，一年约10批次，全年能生产有机肥200吨（图1）。

四、技术要点

（一）收集

收集方式：养殖场工人定期清扫栏舍底部粪便并装袋，最终由养殖场自行运送或合作社收运至处理车间。

收集频率：合作社内养殖场（户）每两周清理和运送一次粪便；合作社做好成员协商，尽量错峰收运粪便，保证粪污处理的连续性和稳定性。

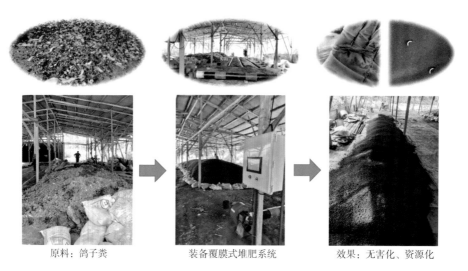

原料：鸽子粪　　　　　　　装备覆膜式堆肥系统　　　　　　效果：无害化、资源化

图1　工艺流程图（福德种养专业合作社　供图）

（二）贮存及预处理

将收集的粪便运送至处理车间，应尽快拆包并堆放在规定区域。根据粪便含水率情况，适当添加覆盖一定量的辅料，待一批次物料收集齐全后再进行覆膜处理。

畜禽粪污进膜堆肥处理前需先进行预处理，通过蘑菇渣、木糠、粉碎秸秆等将含水率调节到55%~65%，密度调节0.7千克/米³以下（图2）。

图2　堆肥预处理（广东省现代农业装备研究所　供图）

（三）处理

将收集贮存的物料堆置成条垛，宽约6米、高约1.5米，并覆盖堆肥膜，四周

华南地区

压实，保持物料堆体系统密封不漏气。好氧堆肥过程中，智控系统可确保堆体发酵温度保持在最佳状态，达到充分腐熟发酵和无害化效果（图3）。

图3 堆肥处理（广东省现代农业装备研究所 供图）

（四）利用

一部分用于养殖场配套土地施肥，其余肥料经过加工后制成商品有机肥对外销售。

五、投资概算与资金筹措

（一）投资成本

投资主要包括厂房、设备等，见表1。

表 1 投资成本概算

序号	项目内容	单价（元）	数量	概算（万元）
1	处理厂房	150	400米^2	6
2	覆膜式好氧堆肥设备	70 000	1套	7
3	挤压造粒机	30 000	1台	3
合计				16

（二）运行成本及收益

工艺运行成本和收益如下：

包装和人工成本约为300元/吨。

如采购鸽粪原料约为250元/吨，折算为肥料成本约为400元/吨。

按销售价为1 400元/吨计算，如场内自有鸽粪发酵，则每吨销售所得利润约为1 100元（1 400元-300元）；如采购鸽粪发酵，则销售可得利润约为700元（1 400元-300元-400元）。

（三）年收益预计

以年约销售200吨成品计算，年收益为14万元起。除去设备折旧10万元/5年（每年约2万元）、厂房折旧6万元/10年（每年约0.6万元），每年净收益11.4万元以上。

六、取得成效

（一）经济效益

鸽粪有机肥售价可达1 400元/吨，按存栏6万羽的肉鸽养殖场计算，鸽粪有机肥销售每年可增加了11万~18万元的收益；折算肉鸽养殖量计算，每只可增加额外收益2~3元。同时，生产的有机肥可广泛用于周边坚果、蔬菜以及香芋等南方特色农作物种植，有效节约种植肥料成本。

（二）社会效益

该合作社于2012年创办，签约种植、养殖户100多户，带动周边农民养殖鸽子共30万羽；主要种植作物为夏威夷坚果、益肾子和蔬菜水果等。合作社在广东省现代农业装备研究所的技术支持指导下，统一采用覆膜式好氧堆肥设备处理粪便，单批次处理能力约30吨；粪便经覆膜式堆肥发酵后，经挤压造粒，用于农场内种植作物或外销。通过带动附近村民鸽子养殖，发挥了联农带农作用，促进了农民增收和社会稳定。

（三）生态效益

该工艺成本较低、操作简单，并且有效减少了臭气排放，方便中小型养殖场（户）开展清洁生产和粪污资源化利用，有效减少化肥使用和粪污对环境的影响。

推荐单位

广东省农业技术推广中心

华南地区

35 粪污新型纳米膜厌氧发酵模式（海南省）

一、实例概述

养殖场（户）建立新型纳米膜厌氧处理系统，将全量粪水或固液分离后的液体粪污进行厌氧发酵，并生产沼液肥料施入周围农田；经过固液分离的固体粪污则在干粪棚内堆积发酵后由有机肥厂收购，用于生产商品有机肥。实现了资源有效利用。

二、实施地点

海南省文昌市翁田、龙楼、东阁、潭牛、东郊等乡镇约80家生猪养殖场。

三、工艺流程

纳米膜厌氧处理技术模式，是以新型纳米膜材料代替传统砖混池或搪瓷钢板拼装罐进行厌氧发酵处理的一种方式。工艺主要流程如图1所示，按照养殖场产生的粪水经过沉淀池初次沉淀，经过固液分离后液体部分或粪水全量进行纳米膜厌氧处理。经纳米膜发酵仓处理后的沼液进入PE贮存池进行氧化处理，处理后的液体粪肥进入植物园利用。若进行固液分离，固体部分进入干粪棚贮存，经过第三方有机肥厂收购后还田利用（图1）。

四、技术要点

（一）粪污收集

通过干清粪或水冲粪方式将粪污收集到沉淀池，而后经固液分离机进行干湿分离（图2）。

华南地区

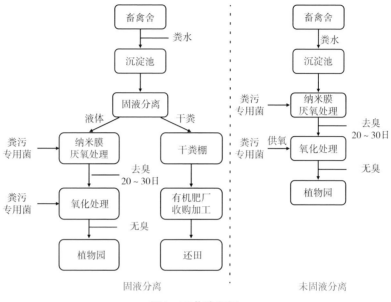

图1 工艺流程图

图2 固液分离机（刘杰 供图）

（二）粪污处理

液体粪污进入纳米膜发酵处理仓进行处理（图3）。发酵仓需要每隔6个月加入专用菌（分为有沼气和无沼气两种菌剂，剂量为1千克/米³）。粪污在发酵仓停留时间为10~15天。干粪经堆肥无害化处理后自用或委托第三方专业机构处理。

图3 纳米膜发酵处理仓（刘杰 供图）

（三）沼液贮存

经纳米膜发酵仓处理后的沼液进入PE贮存池（图4），加入专用好氧发酵菌群，进一步对沼液进行处理20~30天，达到进一步氧化降解和除臭的目的。

图4 PE贮存池（刘杰 供图）

华南地区

（四）粪肥利用

沼液进一步处理后经管道直接输送到椰子林和牧草地，以漫灌的方式施肥利用。

（五）运行维护

纳米膜发酵仓需定期清理残留污泥，若进料为固液分离后的污水，则3~4年清理一次，进料为未经固液分离的粪水则需每隔1~2年清理一次。纳米膜需每月定期检查出气孔是否堵塞，安全阀有无进水。纳米膜周边须设置"禁止明火"的警示牌。避免尖锐物划破纳米膜。

五、投资测算与资金筹措

新型纳米膜可分为50米³、100米³、200米³、400米³等几种标准规格，价格分别为7 000元、9 000元、12 000元、18 000元，分别对应生猪养殖存栏规模为50头、100头、200头、250头以上，也可依据养殖场现实情况进行定制。50米³标准造价安装成本（含沼液池防渗膜）不超过15 000元，是传统砖混沼气池造价的30%～40%。资金为自筹。

六、取得成效

（一）经济效益

新型纳米膜处理模式较传统砖混结构沼气池具有明显的成本优势。该模式产生的沼液腐熟程度高，植物吸收率高，可有效降低化肥施用量，每亩折合节省肥料成本达100元左右，每年可为猪场创收近4 000元。

（二）社会效益

新型纳米膜处理模式已在文昌市。2021年，文昌市全面推广，共有约80家生猪养殖场（户）采用该项技术配套建设环保设施。该技术的推广，为养殖户节约环保设施投入成本近200万元，同时有效提高了畜禽粪污资源化利用率。

（三）生态效益

养殖场（户）采用沼液肥料供给牧草和椰子林等作物种植，提高了土壤肥力和农产品质量，并且有效避免了化肥施用的环境安全问题；同时，粪污有效的资源化利用改善了以往普遍的简单堆沤发酵现象，改善了当地土壤污染情况和空气质量，生态效益显著。

推荐单位

海南省畜牧技术推广总站
海南省文昌市畜牧兽医服务中心

36 粪污集中处理全量还田模式（湖北省）

一、实例概述

养殖户将统一收集的粪污贮存在农田集中区域建设的粪污田间贮存池，经过好氧堆肥、厌氧发酵或贮存池自然消化后全量还田利用。实现了粪污的资源化、全量化利用，解决了粪污还田循环综合利用"最后一公里"的问题。

二、实施地点

湖北省宜都市五眼泉镇鸡头山村。

三、工艺流程

养殖场畜禽粪污经过好氧堆肥、厌氧发酵技术或由第三方购置吸粪车统一收集贮存在（费用由养殖户、种植户、政府补助三方分摊）农田集中区域建设的粪污田间贮存池中，发酵腐熟后全量还田利用。工艺流程见图1。

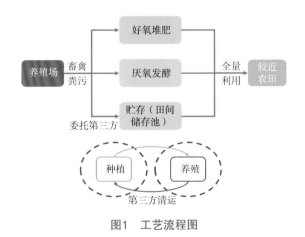

图1 工艺流程图

四、技术要点

该工程扩建柑橘粪肥浇灌面积1 500亩，建设田间贮存池3 000米^3、铺设漫灌主管道15 000米，购置自吸封闭罐式运输车1台。

（一）田间贮存池

按照每亩橘园配套建设2米^{3}田间贮存池的标准设计，1 500亩橘园合计建设沼液贮存池3 000米^3。根据地形条件，其建设地址应建于橘园相对集中、地势最高及交通便利之处。

（二）铺设输送管道

沼液输送管道共安装15 000米，其中主管道为PE管，直径63毫米。所有管道埋于地下，根据田块分布，按50～100米管道安装灌溉龙头1个。沼液贮存池与消纳农田没有高度差的，需安装泵压装置（农户自行解决）。管道长度根据橘园布局情况确定。

（三）沼液运输车辆

购置罐体容积6米^{3}的自吸封闭罐式运输车1台。

五、投资概算及资金筹措（表1）

表1　投资概算

建设内容	工程量	单价	合计（万元）
落实田间贮存池	3 000米^3	300元/米^3	90
铺设输送管道	15 000米	30元/米	45
配置吸污车	1辆	13万元/辆	13
工程总投资			148
中央投资			126

华中地区

为强化服务效果，合作社服务队分别与所涉村以及养殖场（户）主、橘园利用种植户签订粪污共同治理、粪肥收供合同，对养殖户按养殖规模每头收取服务费10元（或者按粪污1.5米³折合1头猪的排污量，超过1.5米³/头的排污量经商议后按商议标准收费），对柑橘种植户按运距远近每车收取50～90元的运输费。

六、取得成效

（一）经济效益

通过第三方收集利用，一是有效地降低了养殖和种植成本。通过核算，养殖户比自建发酵床治污费用节省约30%；种植户使用粪肥，每亩土地年均化肥使用量可降低60%、节约肥料成本350元，靠管网到田可节约劳力200元。

（二）社会效益

采取"生态养殖+粪肥配送+高效利用"的农业循环经济模式，解决了合作社周边养殖污染问题，而且提高了该合作社柑橘的品质。

（三）生态效益

通过施用畜禽粪肥，柑橘、茶叶品质明显得到了提升，长期使用粪肥的柑橘的含糖量明显上升。同时施用畜禽粪肥，能有效改良土壤酸化，增加土壤有机质含量，提升地力。

推荐单位

湖北省畜牧技术推广总站
宜都市农业农村局

华中地区

智能好氧堆肥利用模式（湖北省）

一、实例概述

将作物秸秆与畜禽粪便按配方预混，置于一体化智能好氧发酵舱设备进行生物发酵，腐熟陈化的物料利用水稻育苗基质成型系统设备制成品质优良、肥效稳定的育秧基质片。废弃物无害化、资源化的同时，为生产有机绿色水稻，提高稻米品质提供了保障。

二、实施地点

湖北省钟祥市官庄湖农场。

三、工艺流程

以畜禽粪污、农作物秸秆等农业废弃物为原料，经配方预混后于一体化智能好氧发酵舱设备进行生物发酵，并在陈化车间进行二次腐化处理，利用水稻育苗基质成型系统设备将发酵后产物制成品质优良、肥效稳定的育秧基质片。工艺流程见图1。

四、技术要点

（一）畜禽粪污秸秆生物发酵

该案例引进"一体化智能好氧发酵舱"设备，运用生物发酵技术集成化、模块化对畜禽粪污、农作物秸秆等农业废弃物进行舱式好氧发酵。整个工艺流程可以简单分为配方预混、封闭发酵、动态陈化三个过程。全过程智能化控制，集输送、混料、发酵、供氧、匀翻、监测、控制、废气冷凝净化等功能于一体，发酵过程在全密闭的环境内进行，废气经冷凝净化处理达标排放。

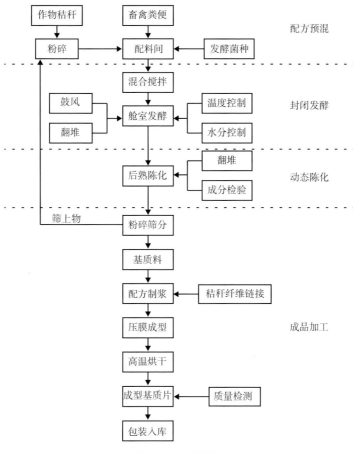

图1 工艺流程图

1. 配方预混

畜禽粪便通过专用车辆运到发酵舱，按原料水分、碳氮比配置农作物秸秆，然后按照2‰比例加入畜禽粪便专用腐熟菌剂后送入混合搅拌装置混合均匀。

2. 封闭发酵

将预混好后的物料通过一体化智能好氧发酵装置（图2），CTB机器人进行布料，堆成1.5～1.8米发酵堆，由智能自动监测控制系统控制风机，每2小时从发酵池底部向上强制通风曝气供氧，每2天翻抛一次（图3），发酵温度控制在50～65℃，本发酵周期为12天，发酵好的半成品物料出仓后进入下一工序。

华中地区

图2 一体化智能好氧发酵舱和控制系统（范志彪 供图）

图3 翻堆曝气（范志彪 供图）

3. 动态陈化

将半成品物料运送到陈化车间进行二次腐化处理，陈化周期30天以上，每7～15天翻抛一次。发酵腐熟后的物料经科学加工处理，制成品质优良、肥效稳定、环保高效的有机肥料及育苗基质料。

（二）粉状有机肥（育苗基质）生产

将发酵陈化腐熟合格的物料用铲车送入调速料仓内，经立式粉碎机粉碎至10～50目，通过回转振打筛分机分选杂质，经包装机称重、包装、入库。

粉状有机肥生产线主要设备包括：调速给料仓、上料皮带输送机、立式粉碎机、滚筒筛分机、定量包装机及配电柜；自动化生产流程布局紧凑，操作稳定，节能低耗，三无排放，原料适应性广，适合各种配比的生物有机肥和育苗基质生产。

（三）成型水稻育苗基质片生产

该案例是国内首家运用畜禽粪污+农作物秸秆的方式制作成型育秧基质片生产企业，其生产工艺主要有配方制浆、磨浆除砂、养分调制、压模成型、高温烘干等，生产线配置有压膜成型系统、配料匀浆系统、用水循环系统、清洁供热系统，全自动化生产，成型效率快、产量高，节能环保，适合大批量规模化生产（图4）。

匀浆系统

成型系统

烘干托盘

烘干系统

燃烧系统

天然气装置

图4 水稻育苗基质成型系统（范志彪 供图）

五、投资概算及资金筹措

该案例自筹投资1.4亿元，第一期投资5 000万元，共建成好氧发酵、辅料粉碎、动态陈化、成品生产4个车间，于2021年3月正式投产，主要产品有成型育秧基质片和有机肥。第二期投资3 000万元，建设科研大楼一栋和育秧专用营养土和散装基质生产车间一个，已竣工投产。第三期计划投资约6 000万元，在2022年10月动工兴建一个占地12亩，集封闭好氧发酵、动态陈化、有机肥生产、基质育苗为一体的全自动生产综合车间，投产运行后可收集消纳钟祥市大部分区域的畜禽粪污。

六、取得成效

（一）经济效益

降低育秧成本，操作简便省事。每亩可以节省40元的用工成本。

降低土传病害，提升秧苗品质。每苗新根数总量相对常规育秧平均多出2.3条，且基质片经过高温消毒，切断土传病害，秧苗病虫害明显降低。

提质增产，增加农民收入。钟祥市110万亩水稻采用成型基质片育秧，每年可为农民节约成本4 500万元，基质片秧苗插秧后返青快，分蘖强，每亩可增产25千克，促进农民增产增收。

（二）社会效益

使用基质片育秧减少耕层土破坏（图5），提高耕地质量。能够有效改善土壤结构，可持续提升耕地肥力。

取土　　　　　　　粉碎　　　　　　　筛土　　　　　　装盘铺土

图5　传统取土育秧（范志彪 供图）

（三）生态效益

采用基质片育秧，100万亩水稻减少约2 000吨农药、化肥的施用，为生产有机绿色水稻，提高稻米品质提供保障。

推荐单位

湖北省畜牧技术推广总站
钟祥市畜牧技术推广中心

华中地区

38　家庭农场"猪-沼-蔬"模式（湖南省）

一、实例概述

养殖场粪污进行干湿分离，固体粪污经堆沤发酵、加工后用于蔬菜大棚。液体粪污经厌氧发酵后，产生的沼气用作生活燃料，沼渣生产有机肥，净化后的沼液通过水肥输送管道用于蔬菜基地。实现了畜禽粪污资源化利用和菜园效益全面提高。

二、实施地点

湖南省娄底市冷水江市中连乡青云村。

三、工艺流程

养殖场通过雨污分离系统、沉淀池及干粪棚建设等实现粪污的干湿分离与分别贮存，固体粪污收集后进行集中处理，堆沤发酵，加工成农家肥直接施用于蔬菜大棚基地，液体粪污经厌氧发酵后，产生的沼气用作生活燃料，沼渣生产有机肥，沼液经过净化设施后由水肥输送管道运送至蔬菜基地。工艺流程见图1。

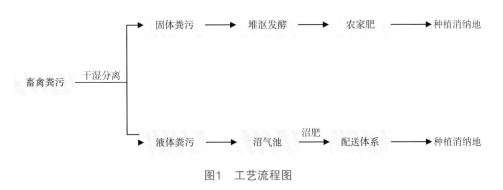

图1　工艺流程图

华中地区

四、技术要点

（一）配套粪污处理利用设施设备

养殖场现有栏舍面积360余米^2，存栏生猪200余头。场内设有200米^{3}沼气池1个，50米^{3}沉淀池2个，30米^{2}干粪棚一个。田间水肥输送管道2 000余米。

（二）消纳土地

蔬菜种植基地200余亩，配套蔬菜大棚82个。

（三）粪肥利用

养殖场进行干湿分离后，固体粪污经过堆沤发酵，加工成农家肥直接施用于蔬菜大棚基地，液体粪污经厌氧发酵后，产生的沼气用作生活燃料，沼渣生产有机肥，沼液进入沼液净化处理设施进一步处理后由水肥输送管道运送至蔬菜基地。

五、投资概算与资金筹措

总占地面积200余亩，总投资1 200万元。一是自筹资金部分约700万元；二是相关主管部门对农场的农业产业发展项目资金支持约300万元；三是申请银行贷款200万元。

六、取得成效

（一）经济效益

场内畜禽粪污资源化利用率和菜园效益全面提高，蔬菜的种植成本大幅度降低，全场粪污资源化利用率在95%以上，年利润200余万元。

（二）社会效益

家庭农场辐射周边2个自然村和冷水江市8个易地安置扶贫点，带动发展农民300余户，为当地农村富余劳动力就业，特别是贫困对象劳动致富脱贫做出了表率。荣获2015年"冷水江市农业生产大户"、2017年"娄底市十佳家庭农场"、2017年"湖南省示范家庭农场"、2019年度"娄底市农业产业化示范基地"等多项殊荣。

华中地区

（三）生态效益

养殖场产生的沼气能够直接供自家与周边农户炊事、供暖、照明，有利于节约型社会的建设，缓解能源瓶颈制约，推动绿色低碳发展的同时，也推动了循环经济的发展（图2、图3）。

图2　污水池（泗元家庭农场 供图）　　　图3　蔬菜大棚（泗元家庭农场 供图）

推荐单位

湖南省畜牧水产事务中心
娄底市农业农村局
冷水江市畜牧水产事务中心

华中地区

39 太阳能沼气厌氧处理模式（河南省）

一、实例概述

以鹤壁市浚县81个生猪养殖场为依托，利用太阳能沼气设备促进加强粪污的厌氧发酵过程，产生的沼气用作生活燃料，沼液、沼渣作为固液粪肥施用于农田林地（图1）。

图1 太阳能沼气应用实景图（赵普刚 供图）

二、实施地点

河南省鹤壁市浚县81个生猪养殖场。

三、工艺流程

生猪养殖场产生的全量粪污通过管道进入粪污酸化贮存池，再通过污水泵抽入太阳能沼气组进行加热发酵，产生的沼气用于生活燃料，沼液、沼渣用于农田林地灌溉和施肥。工艺流程见图2。

华中地区

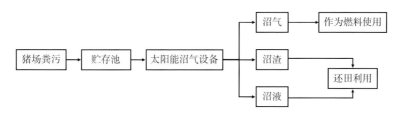

图2 工艺流程图

四、技术要点

太阳能组装沼气池畜禽粪污处理技术模式包括粪污全量收集贮存、太阳能沼气池处理及沼气、沼液、沼渣利用环节。各环节技术要点如下。

（一）收集贮存

通过密闭管道收集的畜禽粪污进入粪污酸化贮存池，并用回流沼液调节料液浓度及酸碱度，经过近10天酸化，产酸微生物分解产生大量低分子有机酸发酵液。池体上方设置防护盖板形成封闭结构（预留进出口即可），贮存池需要进行硬化处理，做好防渗、防漏、防溢流措施。

（二）粪污处理

通过提升泵将发酵料液送入太阳能沼气池，经过太阳能沼气池热交换系统对料液进行加热，促进料液快速发酵反应，加快产气，提高沼气产量。日常需做好设施设备的管理和检查，保障设备正常运行。

（三）资源利用

沼气经过脱硫净化，通过燃气管道输送进入燃气用户终端设施，用作生活燃料。发酵产生的沼液、沼渣作为有机肥就近还田利用。

五、投资概算与资金筹措

养殖场常年存栏育肥猪450头，建设粪污贮存池40米³、黑膜沼液贮存池400米³，粪污酸化贮存池、沼液贮存池施工建设造价约23 000元；太阳能沼气组一组约30 000元，污水泵一套约2 000元，包含人工施工、运转维护等其他费用，总计投资成本约58 000元。

华中地区

六、取得成效

（一）经济效益

通过太阳能沼气技术应用，沼气保持稳定产出，日产沼气约20米^3，满足了养殖场生活燃料的供应，年节省燃料开支8 000多元。同时沼液用于农田林地灌溉，土壤肥力得到明显提升，促进农作物的增产增收，每亩地多增加收益150元。

（二）社会效益

提高了中小养殖场（户）粪污处理利用的主动性、积极性，治理了规模以下养殖场（户）粪污乱堆乱放、污水乱流的顽疾，避免了臭气扰民现象发生，改善了农村生活环境。

（三）生态效益

畜禽粪污及时收集处理，减少臭气产生和排放，减少蚊蝇滋生，使猪舍环境得到有效改善，降低猪只发病率和死亡率。同时太阳能沼气技术的应用，提高了沼气利用效率，减少了温室气体排放。

推荐单位

河南省畜牧技术推广总站
河南省鹤壁市浚县畜牧局

华中地区

40 鸡粪发酵处理生态利用模式（河南省）

一、实例概况

养殖棚舍设立高架床，产生的鸡粪经漏粪竹架板漏入下层。在鸡粪中喷洒益生菌剂辅助自然堆沤，经过自然发酵腐熟后的鸡粪施入农田，农田内种植可用于制作鸡饲料的作物，形成种养循环利用的发展模式。

二、实施地点

平顶山市郏县安良镇任庄村。

三、工艺流程

在粪污异位发酵床资源化利用模式下（图1），日常养殖鸡在果树林地活动，产生的鸡粪就地自然发酵，作为肥料直接利用。在养殖棚舍内产生的鸡粪，经高架床漏粪竹架板漏入下层，通过向鸡粪喷洒益生菌剂辅助，形成发酵床自然堆积发酵，同时减少臭气的产生。经过自然堆积发酵腐熟后的鸡粪施入农田，农田内种植可用于制作鸡饲料的作物。

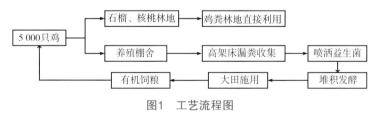

图1　工艺流程图

四、技术要点

（一）高架床建设

因鸡体重较轻、鸡爪细小，在建设高架床（图2）时可用矩形钢管做梁，

华中地区

铺设漏粪竹架板和塑料养殖网作为高架床的床面，采用该建设方式可以降低建设成本，同时更好地保护鸡爪部不受伤害。高架床铺设高度应离地面1.2米以上，加强通风效果。采用散养的方式饲养鸡，储粪池周边需采用围挡隔开，避免鸡与鸡粪接触。高架床下鸡粪清理，可每年集中清粪3～4次，降低清粪劳动强度。

图2　鸡舍高架床结构
（平顶山市畜牧技术推广站 供图）

（二）有机肥发酵菌剂使用

鸡粪蛋白质含量高，自然堆积发酵腐熟时间长，同时产生大量有害气体，威胁鸡的健康。采用以芽孢杆菌、放线菌、酵母菌为主的含有多种有益微生物的商业混合菌剂，使用消毒机将稀释好的菌剂定期喷洒在鸡粪上，减少有害气体产生，加快鸡粪自然腐熟。使用发酵菌剂时应进行稀释，稀释比例为1升发酵菌剂溶于10～20升水中。

五、投资预算

鸡粪在养殖圈舍高架床下自然堆积发酵，无需额外建设堆粪场，节省了相应的建设费用。以建设长30米、宽10米的单个养殖圈舍，饲养5 000只鸡为例，进行投资概算如下。

（一）建设成本

高架床：长30米、宽10米，钢架结构，计5 000元。

铁丝围栏：80米，每米7元，计560元。

漏粪竹板：单块规格0.5米×2米，需300块，每块50元，计15 000元。

塑料养殖网：300米^2，每平方米6元，计1 800元。

建设人工费：300米^2，每平方米人工费15元，计4 500元。

高架床等设施建设成本投入总计：26 860元。

（二）鸡粪处理人工费用

每隔3～4个月人工清理一次高架床下鸡粪，每次用工3人、耗时4～5天，每天每人80元，全年鸡粪处理用工费用计960～1 200元。

（三）菌剂费用

每隔1～2个月喷洒一次商业菌剂，每次约用25升（每升发酵菌剂能处理2吨左右的鸡粪），价格15元/升，总费用为375元，全年使用发酵菌剂费用2 250～4 500元。

六、取得成效

（一）经济效益

每个种养结合单元建设300米^{2}的养殖圈舍，可饲养黑凤鸡5 000只，配套石榴、核桃林50亩。现公司建设有4个养殖单元，存栏20 000只黑凤鸡，年可产鸡蛋按100吨计，淘汰有机鸡8 000只，年销售收入近500万元。

（二）社会效益

园区内大力发展有机农作物种植、养殖业和加工业，为附近村民提供就业岗位，可以更好地保证农业生产和农民收入持续稳定增长。

（三）生态效益

通过发展有机农业帮助解决严重的土壤侵蚀、土地质量下降、农药和化肥大量使用对环境造成污染和能源的消耗等问题；同时种养结合，实现农牧业减排降碳。营造和谐的自然环境。

推荐单位

河南省畜牧技术推广总站
河南省平顶山市畜牧技术推广站

华中地区

粪污厌氧发酵全量还田模式（河南省）

一、实例概述

采取"全量收集-中心转运-集中收储-综合利用"的流程，利用监控定位软件对收集运输粪污的车辆进行监管；对收集的粪污采取厌氧发酵技术，厌氧过程中添加生物菌剂，加快沼液熟化并减排恶臭气体；在施肥的季节，将发酵后的粪污进行全量还田。

二、实施地点

河南省内乡县除城关镇外所有乡镇。

三、工艺流程

（一）全量收集

利用玻璃钢式畜禽粪便三级厌氧发酵罐对畜禽粪污进行收集，收集后进行过滤沉淀，将上清液利用厌氧发酵技术（生物菌熟化发酵除臭技术）分解粪污。

（二）中心转运

乡镇排查后交由交办合作社，交办合作社派出运输户上门收集、养殖户付费，运输户在县畜牧局监管平台监管下进行粪污转运，转运至收储中心登记。

（三）集中收储

采取玻璃钢畜禽粪便发酵罐多罐串联的方式贮存粪污，利用生物菌熟化发酵除臭技术分解粪污，粪污稳定化后进行粪肥利用。

（四）综合利用

利用虹吸原理由末端罐体底部的出水口抽出粪肥还田利用，每次清空罐体，不会形成沉淀。

四、技术要点

（一）玻璃钢罐全量收集发酵技术

利用专用机制玻璃钢罐（玻璃钢式畜禽粪便三级厌氧发酵罐）对畜禽粪污进行收集和三级厌氧发酵处理。该罐体具有价格低廉、运维简便、无害化（杀灭病虫卵）、资源化（腐熟）等特点，并具有一定的贮存能力（第三格）。玻璃钢罐容积按每个猪当量2米³规格计算配备。玻璃钢罐内部设二道环流泛水装置，混合挂膜隔仓板将池体分为三格，三格比例为2：1：3；第一格为一级腐化池，进行厌氧发酵，通过挂膜隔仓板进入二级腐化池，再通过挂膜隔仓板进入第三格处理池，池体内挂膜隔仓板有利于有益菌体的附着，增加了挂膜面积。二道挂膜装置加大粪污在池内的流程，增长粪污在池内的停留时间，同时增加粪污与厌氧菌的接触面积，粪污充分自然发酵，提高生物降解程度。在第一格配备一个直径为75毫米的排气口通过聚氯乙烯管道相连，将产生的气体统一排放到外；在两个隔仓板上面各具备一个100毫米排气孔，以便第二格或第三格产生的少量气体通过第一格排气口排放到外；排气管不低于地面2米，同时顶端做防风处理，防止明火引燃气体。在玻璃钢罐三格池顶端配备一个直径为400毫米的开口作为检查口，便于维修和清淤。鸡粪进入罐体前必须经粪污收集池和粪污沉淀池，通过二级沉淀处理后方可进入罐体发酵（图1）。

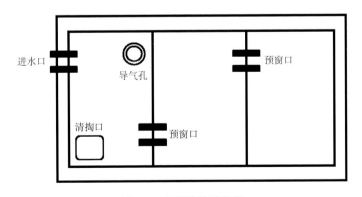

进水口 导气孔 预窗口 清掏口 预窗口

图1 三级沉淀池流程图

华中地区

221

（二）生物菌腐熟除臭技术

在粪污厌氧发酵过程中，添加生物菌剂，加速大颗粒物的分解，加快沼液熟化，减少臭气挥发。通过添加菌剂和生物营养活化剂，加速对生物废弃物中污染物的分解，减少硫化氢、甲烷、氨气等恶臭气体排放。

（三）粪肥支农管网灌溉技术

收储中心采用串联方式连接玻璃钢罐，中间隔板底部留20厘米减压孔；液体从罐体上部注入，靠压力产生脉冲效果，带动底部污泥向后流动，均匀散布在罐体内部；在施肥的季节，利用虹吸原理由末端罐体底部的出水口将底部污泥抽出，每年进行两次还田，每次清空罐体，不会形成沉淀。由于罐体完全密闭，底部泛起的浮渣在厌氧状态下不会因水分蒸发而在顶部形成坚硬的壳体；同时生物菌剂的施用会加速大颗粒物的分解，加快沼液熟化。

（四）CMSV监控定位技术

利用CMSV监控定位软件，建立监管平台，通过对粪污运输车辆安装北斗定位装置，监控运输车辆轨迹，定位粪污收储中心坐标，设置电子围栏，自动记录粪污车出入粪污收储中心次数，将粪污车出入粪污收储中心次数和活动里程数，能够有效建立粪污收集档案，作为乡镇绩效考核依据；同时可防止粪污运输车乱排乱放和挪作他用（图2）。

图2　安装有GPS定位装置的运输车辆（张定安 供图）

华中地区

五、投资预算

共投资2 174万元，其中各类玻璃钢发酵罐设备及安装费用2 000万元，人工及运转维护费用144万元、检测费用30万元等。费用来源为，养殖户投资1 400万元，县政府通过生猪调出大县资金和财政资金补贴600万元，通过绿色种养循环农业试点县项目资金补贴人工及运转维护费用144万元、检测费用30万元。

六、取得成效

（一）经济效益

2021年内乡县规模以下养殖户1 279家，出栏生猪3.12万头，年产排粪污约5.6万吨，通过畜禽粪污资源化全量收集监管利用模式的推广应用，全部转化为肥料还田利用，每年替代复合肥30多吨，仅此一项年直接经济效益增收达90多万元；同时促进了种植业绿色增产、化肥农药减施、作物轮作和耕地质量提升，全县15个乡镇粪污收储利用中心覆盖农田约6.23万亩，经县农技中心测算，小麦单产增加4%、玉米单产增加5%，年均亩产增收约70元，年增收43.6万元。

（二）社会效益

内乡县规模以下养殖户圈舍干净整洁无臭味，污水零排放，猪只疾病减少，兽药和疫苗使用减少，生产水平和产品质量得到了明显提升。

（三）生态效益

内乡县规模以下养殖户抽干填平原有的臭水坑，新建地下式全封闭玻璃钢罐贮粪池50 000米^3，粪污直接流进地下发酵罐里，外不见粪污，内控粪污臭气释放、温室气体无组织排放和氨氮流失，年减排温室气体约2 851吨二氧化碳当量，有力促进了农村生态环境改善。

推荐单位

河南省南阳市内乡县畜牧局

河南省畜牧技术推广总站

华中地区

42 粪污厌氧发酵全量还田模式（江西省）

一、实例概述

养殖场猪粪采取好氧堆肥处理，猪尿、污水等粪污采取厌氧发酵技术，产生有机肥和沼液、沼渣根据作物特点进行还果还田利用，促进畜禽粪污无害化处理和资源化利用，保障农村环境安全和促进畜牧业持续健康发展。

二、实施地点

江西省赣州市信丰县嘉定镇龙舌村。

三、工艺流程

养殖场建设雨污分离设施实现粪便污水的分离处理，固体粪便采取干清粪工艺收集后运输至堆粪棚进行一段时间的堆肥发酵，腐熟后作为有机肥施入果园进行还田利用；猪尿、污水及湿粪便等进入沼气池进行厌氧发酵，产生的沼液肥料运输至果园随水灌溉施用（图1）。

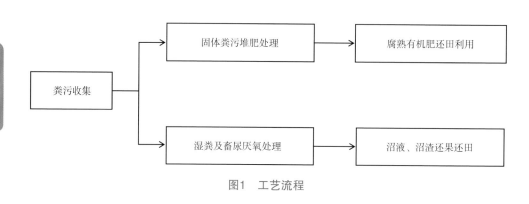

图1　工艺流程

华中地区

四、技术要点

（一）干湿分离

养殖场设立雨污分离设施，分离粪便与污水，在猪舍内采取干清粪工艺及时清理干粪（图2）。

图2 栏舍干清粪及雨污分离设施（胥翠萍 供图）

（二）发酵腐熟

固体粪便集中运到堆粪棚堆肥发酵（夏季15天左右，冬春30天左右），棚的大小一般按猪10头/米²建设，地面作硬化处理。发酵前添加锯末、谷壳等辅料，粪便占比85%～90%、辅料10%～15%，控制物料水分在60%左右。猪尿、污水等通过专用管道进入沼气池进行厌氧发酵60天左右（图3）。

图3 沼气池及沼液暂存池（胥翠萍 供图）

华中地区

225

（三）还田施用

发酵腐熟的干粪和沼渣根据不同作物特点，进行基肥撒施或环状沟施肥等；沼液进行灌溉施肥（图4）。

图4　还果还田（胥翠萍 供图）

五、投资预算

（一）投资成本

该场建设共投资200余万元，其中配套粪污处理设施（集粪棚及沼气池、氧化塘、沼液暂存池等）建设投资约20万元。

（二）运行成本

粪污设施每年运行成本约1万元，主要为用工成本。

六、取得成效

（一）经济效益

该场每年能够生产约10 000千克有机肥（半成品），按平均每吨价格500元计算，节约化肥成本约5 000元；沼气作燃料使用，全年可节约燃料费约3 000元；施用有机肥能够改善土壤有机结构，增强土壤肥力，提高经济作物产量和品质，为农户增产增收。按照每亩增收100元测算，该场自用60亩左右，增收近

华中地区

6 000元。综上，减去运行成本1万元，年综合经济效益4 000元。

（二）社会效益

通过畜禽粪污利用、农牧结合、种养循环、以养促种，不仅提高了农民科学种养意识，还使脐橙、板栗、蔬菜等农产品品质得到进一步改善，满足广大消费者对优质农产品的需求。

（三）生态效益

畜禽粪污通过资源化利用，实现养殖生产节水50%以上，农药施用量减少70%以上，实现有机绿色种植，改善土壤有机结构，增强土壤肥力，确保果树等农作物稳产高产。

推荐单位

江西省农业技术推广中心
赣州市农业农村局

华中地区

43 粪污好氧发酵利用模式（江西省）

一、实例概述

夏季时，家庭农场猪粪污经过厌氧发酵后形成沼液，进入三级氧化塘，在二、三级氧化塘按比例加入菜籽，使沼液和菜粕进行混合好氧发酵；冬季时采取干清粪，利用好氧堆肥，待夏季时转移至沼气池中。粪污发酵完全后还果利用，提高果树产量，促进当地果树产业发展及猪场粪污资源化利用。

二、实施地点

江西省南丰县莱溪乡东方村。

三、工艺流程

农场主要采取水冲粪，猪粪污与雨水分流后，粪污进入沼气池厌氧发酵产生沼液，后进入一、二、三级氧化塘好氧发酵。一级氧化塘沼液中含沼渣较多，发酵后直接抽至橘园利用。二、三级氧化塘中沼液较稀，在二、三级氧化塘按比例加入菜粕，腐熟后连同沼液一并灌溉橘树。冬季沼气池发酵能力较弱，生猪较满栏的情况下，选用干清粪，部分干粪采取堆积发酵，以免堵塞沼气池，腐熟后施用农田或者待天气转暖后再将粪肥转至沼气池厌氧发酵（图1）。

通过对猪粪污资源化利用，有效提高果树根系当年对菜粕的吸收度，减少化肥用量，增加果树（南丰蜜橘）单位面积产量及果实甜度和抗病能力。

四、技术要点

（一）粪污收集

生猪栏舍每栋长25米、宽9米，内分为7个肉猪栏和2个母猪栏，可供养殖2

华中地区

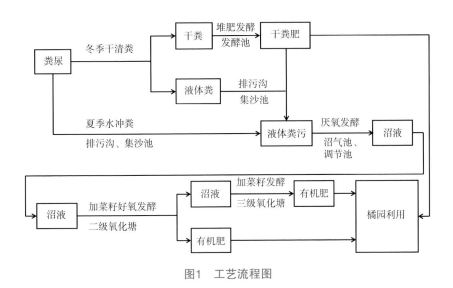

图1　工艺流程图

头母猪、70头肉猪。每个栏舍墙脚均留有与排污沟相通的小孔，栏舍地面向该孔洞倾斜，有效地将栏内猪粪污冲至排污沟。猪栏两边外侧紧挨墙脚，修建宽15厘米排污沟，向集沙池一端逐渐加深，导流猪舍冲出的粪污。在猪舍屋檐下修建雨水沟，承接屋檐流下的雨水，形成雨污分流。

（二）存贮与处理

在两条排污沟末端各建一个集沙池，下埋暗管接通沼气池，贮存排污沟流过来的粪污，并过滤泥沙和杂质。建有2个8米³农用沼气池及其配套调节池，用于猪粪污的厌氧发酵。两个调节池接通一个长2米、宽1.5米、深2米的一级氧化塘，接纳从沼气池出来的沼液和沼渣，好氧发酵21天后，下层沼液、沼渣直接抽至橘园作追肥或叶面肥。上层较稀的沼液流入二级氧化塘。

一级氧化塘接通一个长4米、宽3米、深2米的二级氧化塘。正常情况下可加入100千克菜粕进行混合好氧发酵。待14天左右菜粕腐熟后，将发酵后的有机肥用污水泵抽至橘园作底肥或追肥。二级氧化塘接通一个长3米、宽2.5米、深2.5米的三级氧化塘。二级氧化塘上层沼液流入后，可加入75千克菜粕混合好氧发酵。待14天左右菜粕腐熟后，将发酵后的有机肥用污水泵抽至橘园作底肥或追肥。

猪舍外修建一个深0.8米、长3米、宽2米的粪便发酵池，在地表挖洞，用混凝土浇筑抹面。发酵池顶部略高于地面，上盖有屋顶，以防雨水进入。冬季干清粪后，将沼气池无法消纳的猪粪在此贮存作堆肥发酵。发酵后的猪粪肥可直接埋入橘园作底肥和追肥，也可在开春气温升高后加水稀释，用污水泵抽入排污管，引流至沼气池厌氧发酵。

（三）资源化利用

该场有橘园36亩，每亩橘园栽种橘树34棵，按一年一亩橘园可消纳二头猪所产粪肥计，橘园共1 200棵橘树可全部消纳70头猪所产生的有机粪肥。二、三级氧化塘每年腐熟1 000千克菜粕，每棵橘树年均消纳菜粕0.8千克。

五、投资预算

原南丰县蜜橘产业局和县畜牧兽医局给予其一次性项目补助5万元。其余2.8万元设备投资及每年的人工费、维修费和检测费由该农场自筹。

（一）建设成本

建设成本共计7.8万元，具体如下。

排污沟和雨水沟约90米，计0.7万元。

两个8米^{3}沼气池及其附属设施，包括集沙池和调节池，0.5万元/个，计1万元。

一、二、三级氧化塘共45米^3，用钢筋混凝土修筑，计3.5万元。

修建4米^{3}粪便发酵池及盖顶，计0.3万元。

打水井及其附属管线，抽水泵，计1.5万元。

污水泵1个，灌溉软管2千米，计0.8万元。

（二）人工成本

每年人工费（指清扫猪舍、管理粪污资源化利用设备及用猪场有机肥料施肥等）需1.8万元。

（三）维护成本

每年维修及检测费用需0.3万元。

六、取得成效

（一）经济效益

采用"猪沼液+菜粕"混合发酵模式后，该家庭农场每年可新增经济效益6.3万元。

减去每年的人工费1.8万元，维修及检测费0.3万元，年可增加纯收入4.2万元，不到两年即可收回投资成本，经济效益显著。

（二）社会效益

该模式提高了南丰蜜橘的品质，促进南丰蜜橘产业发展，又能增加全县生猪保有量，减少猪场污染。

（三）生态效益

猪舍粪污实现减量化、无害化、资源化，无粪污外排、污染环境现象。

橘树经有机肥浇灌提供养分，生长茂盛，树势更强，挂果率高，病残树减少，为开展橘园游项目打下基础。

推荐单位

江西省农业技术推广中心
抚州市农业农村局

华中地区

牛粪贮存发酵全量还田模式（江西省）

一、实例概述

利用固液分离将干粪进行人工收集，通过堆沤发酵作为有机肥利用或用于种植蘑菇，污水经污水沟收集贮存，经水解酸化作肥水，形成了生态循环养殖模式。

二、实施地点

江西省樟树市店下镇枫林村委堆上村。

三、工艺流程

该养殖模式主要对畜禽废弃物进行固液分离有机循环模式（图1），首先将牛场产生的畜禽废弃物进行固液分离，分离后的干粪采用人工干清粪方式，经人工清理统一收集到干粪池，干粪池内干粪经堆沤发酵后作有机肥利用或用于种植蘑菇的基料。污水经污水沟收集流入污水贮存池，贮存池内污水经沉淀、水解酸化后作肥水利用。

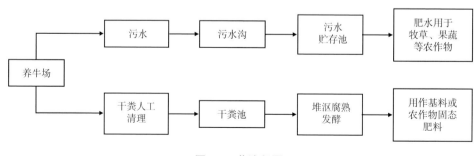

图1 工艺流程图

四、技术要点

（一）粪污收集、贮存、处理及利用技术

牛场粪污处理实行减量化排放、无害化处理、资源化利用。

减量化排放：牛栏舍内不使用水冲粪或清污，采用人工干清粪方式，建设雨污分流沟，将雨水单独分流，以牛尿作为污水的主要成分，减少污水量。

无害化处理：干粪经堆沤发酵30～50天，杀死有毒有害病菌，进行腐熟分解，降解成农作物可吸收利用的有机质，作有机肥使用。污水经沉淀、水解酸化后，作肥水利用。

资源化利用：干粪作有机肥使用或用于蘑菇基料、养殖蚯蚓等；污水作肥水利用，可用于种植牧草、果蔬等农作物。

（二）设施建设技术

设施建设包括污水沟改造、建设干粪池、污水贮存池等干粪、污水收集、利用设施。

污水沟改造：对养牛场栏舍的排污沟进行改造，切实做到雨污分流，减少污水量。污水沟改造应紧靠栏舍的边墙，建设暗沟（图2），污水沟上加盖板封闭，场区内的污水主沟用暗沟排放。栏舍内的污水通过污水沟统一收集流入污水贮存池，养殖户也可增设小型沼气池。

图2　暗沟排放污水（金平　供图）

华中地区

污水贮存池建设：建有3个小型污水贮存池（图3），容积20~50米^3（建设标准：池深1.5~2.0米，呈长方形或圆形等均可，污水贮存池为砖混结构，内用水泥粉刷光面）。规模以下牛场可配套建设15~40米^{3}沉淀池。

图3　三个小型污水贮存池（金平 供图）

干粪池建设：建有干粪池12米^3（图4）。干粪池为四方形或斜坡梯形砖混结构，利用水泥粉刷光面，干粪池深0.8~1.5米，长、宽视干粪池容积而定。干粪池应高于地面，上面加盖雨棚，防止雨水流入池内。干粪池的大小视养殖规模而定，一般存栏100头以下牛场建造10~25米^{3}的干粪池。干粪通过干粪池30~50天的堆沤发酵后可作为有机肥使用；也可直接用于蘑菇等食用菌原料或养殖蚯蚓。

图4　干粪池（内部）（金平 供图）

五、投资预算

规模以下牛场建设粪污处理设施投入少、工艺流程简单、实用性强，总投入12 000~20 000元。具体投入成本概算如下。

污水沟（包括主沟）：大约100米，按每米污水沟平均建设成本30元计算，污水沟投入约3 000元。

干粪池：建设12米^{3}的干粪池（包括池棚）投入约3 500元。

污水贮存池：建设20米³污水贮存池约5 000元。

抽污泵：1台，包括管线、全年电费等，投入约2 500元。

该场投入资金全部由养殖户自筹，不需增加额外的运行费用。

六、取得成效

（一）经济效益

该场每年能够生产约2 000千克有机肥，按每吨平均价格600元计算，节约化肥成本约1 200元；牛舍环境向好，肉牛发病率降低，料肉比降低，每头肉牛可增加效益100元，以年出栏2批肉牛计，年可增收60元/头×50头/批×2批=6 000元；施用有机肥能够改善土壤有机结构，增强土壤肥力，提高经济作物产量和品质，为农户增产增收，按照每亩增收90元测算，该场自用10亩左右，增收近900元。综上，减去运行成本2 000元，综合年经济效益6 100元，2年左右时间即可回本。

（二）社会效益

一是将粪污等废弃物转变为有机肥等资源，变废为宝，既减轻了环境保护压力，又拓宽了农民增收渠道；二是推动有机肥代替化肥，减少了化肥使用量，同时增施有机肥可提高农作物抗性，减轻病虫害的发生，降低农药使用量，从而节约种植成本，促进农民增收；三是有效促进区域农牧结合、种养循环，实现农业可持续发展。

（三）生态效益

一是提升耕地质量。将粪污转化为有机肥，施用有机肥可有效提升土壤有机质含量，增加土壤养分含量，增强土壤微生物活力，改善土壤结构，提升耕地质量，促进农田永续利用；二是保护生态环境。通过粪污综合利用，有效减少养殖粪污排放量，消减COD排放量、氨氮排放量，减少化肥、农药的施用量，有效控制农业面源污染，促进农田生态环境改善，保护优质的水资源和良好的生态环境。

推荐单位

江西省农业技术推广中心

宜春市农业农村局

华中地区

235

45 猪粪沼气发酵模式（四川省）

一、实例概述

家庭农场建生猪圈舍320米^2，常年饲养母猪20余头，生产模式为出售仔猪兼自养育肥，年出栏商品肉猪200余头。生猪养殖过程中产生的粪污经干粪棚、沼气池等环保设施无害化处理后全部用于周边田地，农业种植产出的粮食、蔬菜除满足农场日常生活和部分上市销售外，还为生猪养殖提供了饲粮，极大程度降低养殖生产成本，显著提升农场经济效益，有力促进了养殖业和种植业绿色可持续发展。

二、实施地点

四川省南充市嘉陵区李渡镇唐家祠村。

三、工艺流程

养殖场采用干清粪工艺，猪粪由人工每日收集存放到干粪棚（图1），经堆放自然腐熟后还田利用；少量散落粪便和尿污通过污水管道输送到沼气池（图2）

图1 干粪棚（舒燕 供图）　　　　图2 沼气池（舒燕 供图）

厌氧发酵，产生的沼气为养殖场内提供生活燃料，沼液进入储液池曝氧腐熟，在农业种植需要用肥时，通过污水泵抽运到田间地块进行施用。粪污经处理后还田利用，减轻了养殖场环保压力，促进了农场节本增效，提升了土壤地力，农业种植产出的粮食、蔬菜及青绿饲料又为生猪养殖提供了廉价充足的饲粮，实现了种养循环发展。详见图3种养循环模式图。

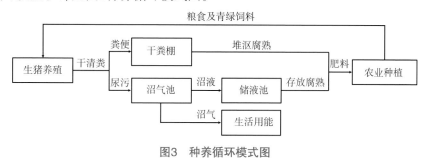

图3　种养循环模式图

四、技术要点

（一）高标准圈舍

家庭农场为规模以下养殖场（户），圈舍按标准化圈舍建设要求进行建设，配套有产床、保育栏等设施装备，可有效提高生猪养殖效率。2人饲养20余头母猪，年出栏200～300头商品肉猪，该养殖模式生产管理劳动强度适中，除进行生猪养殖，还能从事粮食、蔬菜种植活动，实现种养循环发展。

（二）清粪工艺

猪场内雨水由明沟收集，引流排放到场外沟渠，减少猪场污水量。圈舍采用干清粪工艺，配套饮水碗等节水设施，有效减少猪饮水时的侧漏；污水、尿液经污水管收集进入沼气池，固体粪便可直接采用干清粪方式进行收集，大幅减少圈舍卫生的冲洗用水，从源头实现了固体粪便与液体尿污的分流。干清粪工艺不仅能有效改善猪舍空气环境质量，也能有效控制养殖粪污总产量，为下一步的粪污分类处理和利用奠定良好基础。

（三）粪污处理设施

配套建设干粪棚72米^2、地埋式沼气池100米^3、沼液贮存池500米^{3}等粪污处理设施，养殖场固体粪便经干粪棚堆肥腐熟形成固体农家肥，液体尿污经沼气池厌氧发酵，产生的沼液转存到沼液贮存池存放腐熟形成液体有机肥，以实现对猪场粪污的全量收集和无害化处理与存放腐熟，保障猪场粪肥符合还田利用要求。

（四）消纳土地

养殖场周边有较多农业种植田地，另外，周边农户交给农场主种植的田地有100余亩。农场根据市场需求种植玉米、水稻、红薯、花生、油菜等粮油作物和白菜、青菜、牛皮菜、萝卜、莴笋等蔬菜作物，每年农作物种植都有大量用肥需求，养殖场粪肥按季节施用和作物用肥需求进行还田，以实现粪肥的全量还田利用。

（五）小农机广泛应用

农场地处丘陵山区，田地分散，高低不平，大型机械设施难以入场，传统粪肥还田利用劳动力要求高，农场主充分利用农用三轮车、微耕机、抽水泵（吸污泵）+水管等小型农机具，有效解决了粪肥运送、沼液浇灌和田地翻耕等困难，大幅提高了粪肥还田利用效率。

五、投资预算

农场总投资约45万元，其中圈舍主体、设施设备及母猪生物资产共20余万元，干粪棚、沼气池、储液池、三轮运输车、吸污泵及管带等环保设施建设15万余元，饲料兽药、设备维护、电费等运行资金约10万元，其中政府对环保设施建设补助约10万元。养殖场由业主自己经营，无人工工资支出，养殖场设施装备运行维护及电费支出约1.5万元/年。

六、取得成效

（一）经济效益

降低养殖成本。有效降低养殖场粪污处理利用成本和后期设施运行维护成本，减少长期环保投入；可有效净化养殖场周边环境，降低生猪疾病发生率，减少兽药投入等防疫成本，养殖场（户）在环保处理和兽药费用方面每年可节约1.5万余元。同时，自产粮食和农业副产物的饲料化利用，可节约部分饲料支出，按母猪200元/头、肉猪100元/头节约饲料成本测算，每年可节约饲料费用3.0万余

西南地区

元。生猪养殖环节每年可节约成本4.5万余元。

提高种植效益。粪肥持续还田利用能明显提高土壤肥力，减少化肥用量，据测算可替代农业种植一半以上的化肥，每年可节约肥料投入3万余元；施用有机肥的粮油、蔬菜等农产品品质更好，按20%的溢价空间测算，可实现增收1.5万余元。种植环节可实现效益增收4.5万余元。

综上，该农场种养循环发展模式可有效降低生猪养殖成本和农业种植，每年可实现节本增效9.0万元以上。

（二）社会效益

带动生猪产业发展。在当前散养母猪数量骤减、仔猪供应短缺的形势下，农场繁育的仔猪就近销售可满足周边老百姓生猪养殖补栏需求，大大减少外购仔猪带来的疫病风险，有力带动家庭生猪养殖发展，有效维护区域生猪产业发展安全。

盘活农村闲置资源。粪肥还田利用有力促进了农业种植发展，有效带动了农村闲散土地的流转和使用，不但为治理撂荒地、推进农业产业发展做出了示范，还为增加粮食产量、促进乡村产业振兴做出了积极的贡献。

（三）生态效益

有效解决养殖环保问题。养殖场采取雨污分流、干清粪工艺和粪污肥料化、能源化利用，可有效减少养殖粪污总产量、提高处理效率、降低利用成本，有效解决养殖环保问题，有力破解畜禽养殖环保瓶颈，实现畜禽养殖业与农业产业的协调发展。

有力支持农村人居环境改善。粪便、沼液等农家肥的施用，一方面避免了养殖污水处置不当对农村环境造成污染，另一方面又提升了土壤健康状况和有机质含量，农产品品质更好，化肥农药用量大幅减少，为深入推进农业面源污染治理和农村人居环境质量改善提供有力支撑。

推荐单位

四川省畜牧总站
四川省南充市畜牧站
四川省南充市嘉陵区农业产业发展中心

西南地区

粪污沼气发酵全量还田模式（四川省）

一、实例概述

四川省丹棱县以全县20余万亩水果种植为依托，针对部分无法消纳多余粪污的规模养殖场（户）及规模以下养殖场（户），全域推广畜禽粪污全量还田模式，致力于"3211"型综合利用，"3"即建好沼气池、干粪池、沼液贮存池"三个池子"，"2"即做好雨污分离、干湿分离"二次减量"，第一个"1"即成立一个沼肥运输专业合作社转运干粪和多余沼液，第二个"1"即采取建设田间贮存池淡储旺用、微生物异位发酵降解等一系列处理利用方式。

二、实施地点

四川省丹棱县全县。

三、工艺流程

丹棱县畜禽养殖场（户）根据实际养殖规模和畜种自行建设好3个池子，即干粪池、沼气池和沼液贮存池，同时养殖场要实施雨污分离和干湿分离2次减量，从源头上减少粪污产生量。3个池子是养殖场进行粪污收集和发酵处理的主要设施，经过不低于1个月的发酵处理后就近还田利用。根据养殖场自身建设的池子容积和配套的土地面积，畜禽粪污通过发酵处理后作为自用农家肥使用。养殖场自己不能消纳的部分，则通过粪污转运队伍进行收集和处理利用（图1）。

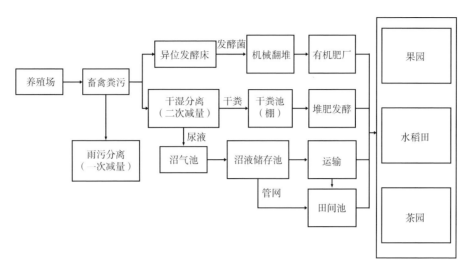

图1　工艺流程

四、技术要点

丹棱县农业农村局对全县畜禽粪污转运工作开展督查和指导，各乡镇人民政府采用比选或党委会议定的方式，选择同1~2支粪污转运队伍签订畜禽粪污转运承包合同（图2），乡镇人民政府负责各自辖区内转运队伍的日常运行、监管和考核等相关事宜，确保辖区内畜禽粪污应转尽转。由县财政投资，全县建设有10个田间贮存池，每个平均容积800米³，作为粪污转运队伍的收集和发酵场所。

图2　吸污车转运畜禽粪污（殷焕忠　供图）

西南地区

粪污转运队伍运行采用养殖户付费、种植户付费和县财政补助的方式，当养殖户需要处理自己不能处理利用的粪污时，需要向粪污转运队伍支付转运费6～10元/米^3，当种植户需要使用畜禽粪污施肥时，需要向粪污转运队伍支付施用费6～10元/米^3，同时县级财政每年投入100万元补助资金，用于各乡镇人民政府同粪污转运队伍开展合作事宜，包括补助粪污转运费用、粪污运输车辆维护费用、田间贮存池维护费用等。养殖户和种植户付费采取即用即付的方式，年底县农业农村局对各乡镇转运工作开展考核，考核合格后按程序拨付县级财政补助资金。

五、资金预算

（一）投资方面

丹棱县粪污转运队伍车辆共计15台，车辆及配套设备按均价10万元/台计算，粪污转运队伍总投资为150万元。

（二）成本方面

工人工资：粪污转运队成员15人，每月工资5 000元，每年需发工资90万元。

车辆损耗（含折旧、维修）：按年均车辆损耗20%计算，每年花费150万元×20%=30万元。

油耗：平均50元/（天·台）×365天×15台=27.4万元。

车辆保险：按平均5 000元/（年·台）计算，每年保险花费7.5万元。

以上合计年运营成本154.9万元，按年均转运粪污量10万米^{3}计算，每处理利用1米^{3}粪污需花费15.5元。

六、取得成效

（一）经济效益

按年均转运粪污量10万米^{3}计算，养殖户和种植户每转运1米^{3}粪污合计支付费用15元，县级财政折合每转运1米^{3}粪污补助10元（100万元/10万米^3），处理利用1米³粪污合计获得收益25元，处理利用1米³粪污获得纯收益为25元−15.5元=9.5元，年获收益10万米³×9.5元/米³=95万元，2年后开始盈利。

（二）社会效益

通过粪污转运队伍这条纽带，实现粪肥从养殖场（户）到田间地头的无缝连接，解决丹棱县畜禽养殖场（户）不能就近还田处理利用的粪肥，变粪为宝增加效益，有力促进全县农业高质量绿色发展。

（三）生态效益

实施该模式，既助推全县产业融合发展，又实现农民增产增收；既提高农产品质量，又改善土壤肥力和人居生活环境。当地果农减少化肥施用量15%以上，有机肥用量提高20%，水果产量提高20%以上，果品价格大幅提高，尤其是丹棱的春见和不知火这2个柑橘品种，平均达到8～16元/千克，实现资源共享、种养结合和绿色发展。

推荐单位

四川省畜牧总站

四川省眉山市畜牧站

四川省丹棱县农业农村局

猪粪黑水虻生物处理模式（云南省）

一、实例概述

养殖场主要从事生猪、土鸡养殖，占地80亩，日产粪便2吨，污水5~8米^3。采用生物闭环模式（水虻+狐尾藻）高效处理畜禽养殖粪污。

二、实施地点

云南省楚雄州禄丰市。

三、工艺流程

对养殖废弃物进行固液分离，分离后的废水进行发酵沉淀，用于养殖狐尾藻，既能对污水有效处理，又能得到青贮饲料；固体废弃物利用黑水虻进行生物处理，具体作用模式体现在技术要点部分，得到的蛹可作为高动物蛋白，得到的有机肥也可用作种植作物（图1）。

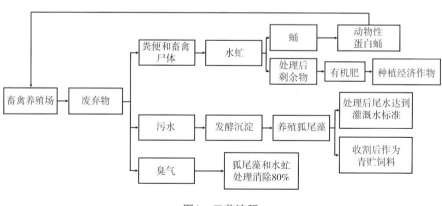

图1 工艺流程

四、技术要点

黑水虻高效资源化利用养殖猪粪技术，首先，建立种虫养殖房，使得黑水虻成虫在其内生长交配产卵；随后将收集到的黑水虻虫卵放置于专用孵化箱内进行孵化；孵化后的初孵幼虫放入专用培养箱内培育3～5日；将收集到的粪便进行预处理，调节混合原料的水分含量，使其达到最适合含水率，然后将其投入转化池，下一步投入培育好的黑水虻幼虫，之后每日清理粪便预处理后投入转化池中投入放有预处理好的猪粪浆料中进行转化；最后，转化12～15天进行虫粪分离，获得虫粪和虫体进行利用。另外，部分幼虫作为留种培养种虫。黑水虻高效资源化利用养殖猪粪工艺见图2。

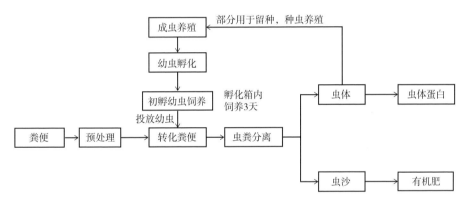

图2　黑水虻高效资源化利用养殖猪粪工艺

（一）成虫养殖

成虫的饲养需要建造专用的种虫房，保证有充足的光照、适合的温度、适当通风换气、繁殖交配产卵设施并且防止成虫逃逸等。将羽化前2～3天的虫蛹放置种虫房内，确保房内温度28～32℃；种虫房内设置绿植供黑水虻栖息交配，黑水虻成虫生长活动需要补充水分，需要每天定时给绿植叶面喷水，供成虫吸食，补充的水分应为2%的红糖水；虫蛹羽化后2～3天，将畜禽粪便或腐败性有机物等臭味物质搅拌混制成产卵诱导剂，含水率85%～90%，装入塑料盆中，用20～30目纱网封口，将盆放置在种虫房内，避免阳光直射，塑料盆上面放置产卵板，吸引黑水虻产卵。为了保证将来幼虫生长整齐，需每天收集虫卵。

（二）幼虫孵化

每天收集的虫卵置于孵化盘，并放入专用孵化箱内进行孵化，孵化温度为30～32℃，相对湿度为70%～80%，孵化盘下面置幼虫接收盘，内装饲料，饲料配比为豆粕：玉米面：米糠=1：2：3。2～4天幼虫自行落入饲料盘中。

（三）初孵幼虫的饲养

刚孵化的幼虫在幼虫培育期间继续用饲料培养3天，环境温度控制在26～28℃，适时添加饲料，配比同上。

（四）猪粪的转化

将收集的猪粪通过预处理后，浆料含水率在70%～80%，将浆料布设在转化池中，然后投入培养好的3～5日龄幼虫，之后每天投喂预处理好的粪便浆料（图3），补料厚度不宜过高、分布均匀，环境温度15～32℃。处理12～15天，可进行虫粪分离。

图3 幼虫对猪粪进行生物质转化（赵智勇 供图）

（五）种虫

黑水虻幼虫分离后按5%～10%的比例选留优质个体作为种虫用饲料进行二次饲喂，饲料配比同上，待70%的幼虫变为棕黑色的预蛹后停止饲喂。

（六）预蛹管理

停止饲喂后，将预蛹放置于通风良好、干燥、阴凉，15～25℃环境下蛹化。

（七）利用

分离后的幼虫可以作为动物饲料利用，直接饲喂动物，或者烘干后保存；虫沙可直接利用，也可以做成有机肥料或生物有机肥。

五、投资预算

该项目预算不含源头减量改造升级、转化区、晾晒棚、狐尾藻处理池建设改造费用，费用为7.01万元，源头减量改造升级、转化区、晾晒棚、狐尾藻处理池建设改造费用根据市场价格确定。

六、取得成效

猪场产生的粪便完全用于养殖黑水虻，水虻虫体饲喂土鸡，可养殖土鸡7 000羽，土鸡平均产蛋150枚/（只·年），饲养一年平均2千克/只，鸡蛋售价1.0元/个，土鸡售价40元/千克，7 000只鸡产蛋1 050 000枚，鸡蛋收入105万元。土鸡淘汰后销售收入56万元。可生产有机肥料182.5吨/年，按1 000元/吨，每年可销售收入18.2万元。该猪场的粪便经过水虻转化后养殖土鸡，可获得总销售收入约179.2万元，除去原料成本、人工工资、设备折旧费、水电费等每年约66万元，利润123.2万元。养殖污水收集后用于种植狐尾藻和水葫芦，狐尾藻和水葫芦收割饲喂怀孕母猪，解决怀孕母猪便秘问题，提高母猪利用年限，降低淘汰率，经济效益显著。通过该项生物闭环模式处理技术综合应用，养殖场生态环境大幅提升，臭气明显降低，蚊蝇明显减少，生态、经济和社会效益明显。

推荐单位

云南省畜牧总站
云南省楚雄州禄丰市畜牧科技推广站

西南地区

247

48 粪污覆膜好氧堆肥全量还田模式（云南省）

一、实例概述

通过物联网平台管理控制传感器时时监测畜禽粪污发酵过程，App随时随地查看数据曲线动态，通过分子纳米发酵膜阻隔畜禽粪污产生的臭气，具有智能自动控制、减少基础投资、便捷移动安装、无臭气污染等优势，从源头减量、过程控制、末端利用等环节协同发力对规模化养殖场粪污进行治理，实现种养循环过程无害化、资源化。

二、实施地点

云南省禄劝县茂山镇斗乌村。

三、工艺流程

畜禽粪污首先经固液分离，固体粪便进入储粪池，通过储粪池进入密闭无臭膜式堆肥发酵系统，经过45～60天发酵成腐熟堆肥，成为有机肥制作原料，经过科学添加不同种类农作物，进行有机肥烘干、造粒、包装和销售。液体粪污经雨污分离统一收集至三级沉淀池，深度厌氧发酵100天后，经过污水处理达到排放标准后排出，或制成液态肥灌溉农作物（图1）。

四、技术要点

一是源头减量、饮污分离、干湿分离，获得固体粪便、粪水。
二是固体粪便与辅料及时调配，形成待发酵料，并在发酵棚内收集存贮。

西南地区

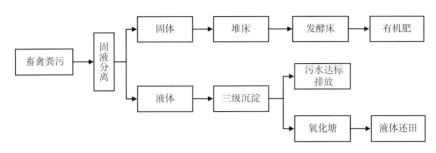

图1　工艺流程图

　　三是采用整进整出方式，将预处理好的发酵物料进入膜覆盖发酵设施（图2），进行好氧密封发酵45～60天。

图2　膜式发酵（张晓侠 供图）

　　四是根据手机端App减控发酵温度、曝气量等（图3），确保膜内有机物料处于高温好氧发酵状态，蒸发水分，保留养分。

图3　数据管理平台（张晓侠 供图）

五是经过高温好氧发酵后，进一步进行后熟发酵一段时间形成腐熟堆肥（图4），可以作为农家肥直接使用，或者作为生产商品有机肥的原料。

图4　发酵物料（张晓侠 供图）

五、投资概算与资金筹措

资金筹措主要包括：技术研发投入及考虑部分材料投入费用、软硬件成品费用、产品备件货量费用、办公场地租金及各项开办及办公费用、差旅费及车辆使用费、调试维护费用等。基于远程控制的膜覆盖发酵处理粪污模式管理平台主站投资费用约188.85万元整。

六、取得成效

（一）经济效益

可提高畜禽粪污资源无害化利用率96%，降低养殖户固定基础投资80%，降低运营成本65%。

（二）社会效益

按照"资源化、减量化、无害化、低成本"的原则构建生产生态共进的畜牧业发展格局，实现粪污处理向有机肥生产的转变，延伸了产业，增加农户收益，提供就业岗位，保护环境等一举多措模式。

（三）生态效益

从源头减量、过程控制、末端利用等环节协同发力对规模化养殖场、家庭农场、农村粪污收集处理等，解决了农村养殖、小规模养殖场，小、散、不集中、不好管控、粪污直接还田等问题。

推荐单位

昆明市动物疫病预防控制中心

西南地区